房屋建筑和市政基础设施工程
施工图设计文件审查指南
（试行）

中国勘察设计协会　组织编写

中国建筑工业出版社

图书在版编目（CIP）数据

房屋建筑和市政基础设施工程施工图设计文件审查指南：试行 / 中国勘察设计协会组织编写 . -- 北京：中国建筑工业出版社，2025. 8. -- ISBN 978-7-112-31632-8

Ⅰ. TU204-62；TU990.02-62

中国国家版本馆 CIP 数据核字第 2025CT1814 号

责任编辑：高　悦　张　磊
责任校对：李美娜

房屋建筑和市政基础设施工程施工图设计文件审查指南（试行）
中国勘察设计协会　组织编写
*
中国建筑工业出版社出版、发行（北京海淀三里河路9号）
各地新华书店、建筑书店经销
北京光大印艺文化发展有限公司制版
廊坊市海涛印刷有限公司印刷
*
开本：965毫米×1270毫米　1/16　印张：9½　插页：1　字数：242千字
2025年8月第一版　2025年8月第一次印刷
定价：**58.00**元
ISBN 978-7-112-31632-8
（45619）

中国勘察设计协会

中设协字〔2025〕56号

关于印发《房屋建筑和市政基础设施工程施工图设计文件审查指南（试行）》的通知

各有关单位：

为进一步完善施工图审查工作自律机制，统一施工图审查工作流程、工作标准，提高审查质量和效率，在住房城乡建设部工程质量安全监管司指导下，我会组织编制了《房屋建筑和市政基础设施工程施工图设计文件审查指南（试行）》，现予印发。请结合工作实际，参照本指南开展施工图审查工作。

附件：《房屋建筑和市政基础设施工程施工图设计文件审查指南（试行）》

中国勘察设计协会

2025年8月1日

前　言

本指南由中国勘察设计协会组织有关单位编制，旨在进一步规范全国房屋建筑和市政基础设施工程施工图设计文件审查工作流程、工作标准、成果文件；进一步强化保障措施，提高审查质量和效率，守牢质量安全底线，筑牢工程建设高质量发展基石；进一步完善施工图审查行业自律机制，建立公平、公正、有序的施工图审查环境，促进施工图审查行业高质量发展。

本指南的编制以《中华人民共和国建筑法》《中华人民共和国消防法》《建设工程质量管理条例》《建设工程勘察设计管理条例》《实施工程建设强制性标准监督规定》《房屋建筑和市政基础设施工程施工图设计文件审查管理办法》《建设工程消防设计审查验收管理暂行规定》等法律法规，以及《国务院办公厅关于开展工程建设项目审批制度改革试点的通知》《国务院办公厅关于全面开展工程建设项目审批制度改革的实施意见》等文件为依据；以政府主导、行业自律、数字赋能、高质量发展为原则；根据全国施工图审查制度实施情况调研成果，以强化作用、推广经验、破解问题为落脚点；以统一审查流程、审查标准，规范审查成果文件，加强施工图审查行业自律机制为主线。

本指南编制过程中得到住房城乡建设部工程质量安全监管司的指导，并在其组织下就编制成果向全国各省、自治区、直辖市住房城乡建设主管部门征求意见。

本指南由中国勘察设计协会施工图审查分会负责管理和解释，由中设安泰（北京）工程咨询有限公司负责日常管理。执行过程中如有意见和建议，请寄送中设安泰（北京）工程咨询有限公司（地址：北京市西城区车公庄大街19号，邮编：100044）。

主 编 单 位： 中国勘察设计协会施工图审查分会

参 编 单 位： 中设安泰（北京）工程咨询有限公司
建研航规北工（北京）工程咨询有限公司
中勘三佳工程咨询（北京）有限公司
北京中询国际工程顾问有限公司
北京城建信捷轨道交通工程咨询有限公司
广联达科技股份有限公司
北京市施工图审查协会

主要起草人： 贾　抒　刘宗宝　郝庆斌　沙松杰　周春浩　李　江　陆　明
李　玉　董　珅　宋文晶　倪　海　李延川　潘国庆　李雪松
蔡腾飞　刘小凡　孙　宁　梁东晖　顾　硕　田　东　白　雪
段　微　班海龙　邹玉玲　侯丽娟　张怀净　张铧元

主要审查人： 郁银泉　张　鹏　陈西梅　刘尊平　崔克家　姜学宜　文　捷

目　　录

附录部分

1 总 则

1.0.1 适用范围

本指南适用于房屋建筑工程和市政基础设施工程施工图设计文件（含岩土工程勘察设计、特殊建设工程消防设计）审查。

1.0.2 编制原则

1 规范审查流程、统一审查要件和审查标准、规范审查成果文件，同时适应分节点审查。

2 以“多审合一”为审查模式，建设数字化图审系统。

3 实行各方相互评价，实现政府对各方即时有效监管。

4 监管措施及时落地，形成动态引导，构建公平、公正、有序的审查秩序。

2 术 语

2.0.1 施工图审查机构

施工图审查机构（以下简称审查机构）是专门从事施工图审查业务，不以营利为目的的独立法人。

2.0.2 行业组织

行业组织是经民政部门注册登记的，或经民政部门注册登记的一级协会批准成立的，由同行业或相关行业的企业、机构、个人组成的行业性社会团体或分支机构。

2.0.3 施工图审查相关单位

施工图审查相关单位是指政府主管部门、建设单位、勘察设计单位、审查机构及行业组织。

2.0.4 施工图设计文件审查

施工图设计文件审查（以下简称施工图审查）是指施工图审查机构按照有关法律、法规，对施工图涉及公共利益、公众安全和工程建设强制性标准的内容进行的审查。

2.0.5 施工图设计文件审查流程

施工图设计文件审查流程指施工图审查相关单位在施工图设计文件审查过程中按环节、节点，根据工作要求依序完成相应工作的过程。

2.0.6 要件

要件指审查机构开展审查前建设单位必须提供的文件资料。

2.0.7 分节点审查

建设单位将同一个工程按基础、地下、地上或按标段、图册依次先后报审，审查机构按规定依次先后进行审查的工作过程。

2.0.8 多审合一

将消防设计审查、人防设计审查等技术审查并入施工图审查，实现“一套图纸、一家机构、一次审查、一个结果、各方共认、多方监督”。

2.0.9 数字化图审系统

运用数字化、云计算等信息技术建立的具有数字化申报、数字化审查、数字化监管、数字化存储、大数据分析等功能，支持建设单位、勘察设计单位、审查机构、政府主管部门等多方在线协同的全程数字化施工图审查协同工作平台。

2.0.10 特殊建设工程

特殊建设工程是指具有《建设工程消防设计审查验收管理暂行规定》第十四条规定情形的建设工程，上述规定以外的建设工程为其他建设工程。

2.0.11 设计变更

本指南中的设计变更是指施工图审查通过后，确需修改的，涉及《房屋建筑和市政基础设施工程施工图设计文件审查管理办法》第十一条、《建设工程消防设计审查验收管理暂行规定》第二十四条第三款规定内容的设计变更。

2.0.12 审查异议

审查异议是指因规范条文或条文说明存在争议、界定模糊等引起的审查判定不统一问题。

2.0.13 新建项目

新建项目是指在原本没有建筑物、构筑物的土地上进行的建设工程，或虽存在既有建筑但全部拆除后重新建设的项目。

2.0.14 改造项目

改造项目指项目竣工验收合格后对建筑使用功能、室内平面布局、外立面、建筑性能提升等进行改造的项目。

3 施工图设计文件审查流程

3.0.1 施工图设计文件审查流程

施工图设计文件审查流程由报审、接件、审查、确认、办结、评价、评价应用和设计变更审查共 8 个环节组成，其中，审查环节由初审、初审设计修改、复审报审、复审接件、复审、复审设计修改和审结共 7 个二级环节组成。每个工作环节设有若干工作节点，每个工作节点都按规定设有相应的工作要求及工作成果。前一环节、节点的工作成果为后一环节、节点工作开始的依据。

1 报审：建设单位将作为勘察、设计依据的政府有关部门的批准文件及附件、全套施工图及其他应当提交的材料报送至审查机构的工作过程。

2 接件：审查机构接收并对建设单位提交的文件、施工图等资料进行核对、检查、受理的工作过程。建设单位提交的文件、施工图等资料不符合要求时，应当一次性告知需要补正的全部内容。

3 审查：审查机构按多审合一原则对施工图是否符合工程建设强制性标准、地基基础和主体结构的安全性、消防安全性（特殊建设工程应符合国家工程建设消防技术标准，具有《建设工程消防设计审查验收管理暂行规定》第十七条情形之一的特殊建设工程的特殊消防设计技术资料应通过专家评审）、人防工程（不含人防指挥工程）防护安全性、是否符合民用建筑节能强制性标准、执行绿色建筑标准的项目是否符合绿色建筑标准、无障碍设施建设是否符合法律法规和标准要求、勘察设计企业和注册执业人员以及相关人员是否按规定在施工图上加盖相应的图章和签字以及有关法律、法规、规章规定必须审查的其他内容进行审查的工作过程。施工图审查应当坚持先勘察、后设计的原则。

4 确认：审查机构将审查成果文件报政府主管部门并告知建设单位，政府主管部门对上报的成果文件进行备案或依据成果文件进行审批、费用核定，建设单位对施工图审查费用核定、结算的工作过程。

5 办结：经确认的审查成果文件发放与接收的工作过程。

6 评价：政府主管部门按规定对施工图审查相关单位相关职责履行情况进行核定、评分以及除政府主管部门外的其他相关单位间按规定相互对其职责履行或服务质量进行核定、评分的工作过程。

7 评价应用：根据评价积分按规定对建设单位、勘察设计单位、审查机构及其项目负责人实施信用积分管理的工作过程。

8 设计变更审查：施工图审查通过后，建设单位将设计变更报送原审查机构进行审查的工作过程。

3.0.2 施工图设计文件审查流程图

1 施工图设计文件审查流程图按“多审合一”要求进行设计。

2 施工图设计文件审查流程图适用于数字化图审系统建设要求。数字化图审系统建设相关要求可参考本指南附录 J。

3 施工图设计文件审查流程图支持“分节点审查”。

4　施工图审查相关单位工作内容及工作要求

4.0.1　建设单位

建设单位的工作内容及工作要求：

1　建设单位负责施工图审查的报件工作。

2　建设单位应与审查机构签订《施工图设计文件审查合同》（以下简称审查合同）并按合同约定支付审查费用，审查合同可参考本指南附录 A。

4.0.2　勘察设计单位

勘察设计单位的工作内容及工作要求：

1　勘察设计单位提供的施工图设计文件应满足受理要求。

2　勘察设计单位应按审查意见修改施工图，并将修改后的施工图提交建设单位，由建设单位送原审查机构审查。

4.0.3　审查机构

审查机构的工作内容及工作要求：

1　审查机构应建立健全内部质量管理体系，明确机构负责人、业务负责人、技术负责人、技术审查人、技术审定人和受理人等各岗位职责：

1）审查机构负责人是施工图审查质量的第一责任人。

2）业务负责人负责签订审查合同、制定审查计划。

3）技术负责人对审查质量进行总体控制，对审查质量承担主要领导责任。

4）技术审查人、技术审定人根据工作安排依据《房屋建筑和市政基础设施工程施工图设计文件审查管理办法》第十一条、《建设工程消防设计审查验收管理暂行规定》第二十四条第三款的规定开展审查、审定工作。

5）受理人负责接件、受理、各专业工作协调、出具审查成果文件、资料存档工作。

2　审查机构应按施工图审查要点开展施工图审查工作，出具审查意见告知书、审查通过告知书。

3　审查机构应定期组织宣贯、培训和考核等工作，确保审查机构内部统一审查尺度。

4　审查机构在审查过程中发现的违法违规行为应及时向政府主管部门上报。

5　审查机构应当及时向政府主管部门上报审查项目统计信息。

6　审查机构在审查工作完成后，重要资料应归档保存。

4.0.4　行业组织

行业组织的工作内容及工作要求：

1　开展调查研究，收集、分析、研究国内外施工图审查领域的相关基础信息、资料，为制定本领域发展规划和政策提供依据。

2 协助政府主管部门研究、制定施工图审查有关的法律、法规、标准，引导建立、完善施工图审查的运行机制，推动施工图审查领域的高质量发展。受政府主管部门委托，统一审查流程、受理标准、审查尺度、设计变更判定标准、存档标准，编制多审合一审查要点，建立异议申诉机制。

1）多审合一审查要点：

① 审查要点的制定应有充分的法律、法规或政策依据，确保审查工作的合法性。审查人员在执行审查任务时，应严格遵守相关法律法规，确保审查过程和结果的合法性。

② 审查要点应注重明确性。每一个审查要点都应当表述清晰，避免使用模糊不清的词汇，确保审查人员能够准确无误地理解审查标准和要求。

③ 审查要点应具有全面性。应覆盖审查的所有重要方面，确保没有关键内容被忽略。

④ 审查要点应具有可操作性。应便于审查人员理解、执行。

⑤ 审查要点在不同时期、不同审查人员之间应保持一致，避免标准的随意变动。

2）异议申诉机制：

① 为保证审查工作的公平、公正性，行业组织应协助当地政府主管部门建立异议申诉机制，形成收集审查疑难问题、统一审查尺度的渠道。

② 行业组织应协助当地政府主管部门组织成立由各审查机构技术骨干、行业专家等组成的审查异议问题解决部门。

③ 行业组织应及时组织专家对审查异议问题进行研讨并给出问题答复。

④ 行业组织应汇总审查异议问题案例并宣贯，定期进行汇编，形成行业内部技术资料，以支撑审查尺度的统一、保证审查质量。

3 建立施工图审查领域信息交流平台，对建设工程的建设总量、勘察设计质量、施工图审查质量等情况进行整理、分类、统计、分析，为政府部门提供决策依据；加强交流、推动进步、提升质量，增强施工图审查的权威性和严肃性。根据授权发布施工图审查领域有关信息。

4 配合政府主管部门推动、完善数字化图审系统的建设，改进监管手段，实现科学监管。

5 建立健全职业道德标准和行规行约，推动行业诚信建设，完善自律性管理约束机制，规范会员行为，构建公平、有序的行业运行环境，维护会员单位的合法权益。受政府主管部门委托，建立参与方互评制度，对办结的项目进行定期抽查，结合数字化图审系统平台数据分析，对建设单位、勘察设计单位、审查机构进行综合评价、资信评估。

6 宣传贯彻政府有关施工图审查的政策、法规，向有关政府部门反映会员的意见和诉求，并针对会员的意见和诉求向政府部门提出相关建议，在政府与会员之间发挥桥梁纽带作用。

7 开展有关施工图审查的政策、法律、法规、管理和技术等方面的咨询服务，就法规、管理和技术等方面内容组织相关人才培训，组织业务交流，推广先进经验，协助会员单位提高信息化建设水平和技术装备水平。行业组织应建立施工图审查咨询服务机制，如设置固定咨询电话、设立服务开放日等负责日常报件、报件前技术咨询服务。

8 承担政府部门或其他单位委托的任务。

5 报 审

概述：工程项目具备报审条件后，建设单位发起施工图审查报件工作；建设单位按审查机构选取规定确认审查机构；特殊建设工程由政府主管部门向审查机构发出《特殊建设工程消防设计审查任务委托函》（见本指南附录C，以下简称委托函）；审查机构接受委托函；建设单位与审查机构签订审查合同。报审环节完成后进入接件环节。

5.0.1 施工图审查报件

建设单位发起施工图审查报件工作，并提交项目相关审批文件、报审资料等要件。勘察设计单位配合建设单位提交施工图、计算书等报审要件。所有报审文件、资料应上传数字化图审系统（或报送至审查机构）。同一个工程可按单栋、多栋报审，亦可按基础、地下、地上或按标段、图册依次先后报审。

5.0.2 新建项目报件要件

新建项目报件时应提交以下要件：

1 建设工程规划许可手续（一般工程应提交建设工程规划许可证，岩土工程勘察、市政工程、轨道交通工程可提供项目的建设工程规划前期批准文件，或其他政府主管部门认可的文件）。

2 岩土工程勘察报告（详勘）。

3 房屋建筑工程抗震设防专项审查意见书（按要求需做抗震设防专项审查的项目）。

4 《特殊建设工程消防设计审查申请表》，可参考本指南附录B（岩土工程勘察设计不涉及此项内容）。

5 人民防空工程主管部门的确认文件。

6 施工图设计文件（含图纸、计算书）。

7 其他应当提交的材料。

5.0.3 新建项目报件要件的要求

新建项目报件要件应符合以下要求：

1 建设工程规划前期批准文件应具有规划部门（或审批部门）的签章、在有效期范围内，上报信息及施工图设计文件中的使用性质、建设单位（个人）、建设项目名称、建设位置、单体个数、单体名称等应与规划前期批准文件一致。

2 建设工程规划许可证应完整、齐全，有正本、附件、附图，具有规划部门的签章，在有效期范围内，上报信息及施工图设计文件中的规划许可证编号、使用性质、建设单位（个人）、建设项目名称、建设位置、单体个数、单体名称等应与规划许可证一致。

3 岩土工程勘察报告（详勘）的签字、签章应齐全有效，项目名称应与报审项目名称一致。

4 房屋建筑工程抗震设防专项审查意见书签字、签章应齐全有效，项目名称应与报审项目名称一致。

5 《特殊建设工程消防设计审查申请表》签章应齐全有效，信息应与建设工程规划许可证或建设工程规划前期批准文件一致。

6 人民防空工程主管部门的确认文件应完整、齐全，具有主管部门的签章，建设单位（个人）、建设项目名称等应与建设工程规划许可手续一致。

7 施工图设计文件图纸、计算书应齐全，签字、签章应齐全有效，全专业施工图设计文件均应加盖报审章或出图章，建筑专业应同时加盖项目负责人注册章，结构专业图纸应同时加盖专业负责人注册章，其他已经实施执业制度的专业应同时加盖专业负责人注册章，市政燃气管线工程压力管道施工图设计文件应加盖特种设备设计许可印章。

5.0.4 改造项目报件要件（市政工程不涉及）

改造项目报件时应提交以下要件：

1 不动产权登记证书，或者同时提交建设工程规划许可证和竣工验收报告。因历史等原因无法提供上述文件的，可提供政府主管部门认可的其他文件。如为租赁使用，应提供授权证明。

2 相关规划文件（涉及规划变更的项目需提供）。

3 既有建筑安全性鉴定报告（涉及结构专业的项目）、既有建筑抗震鉴定报告（有既有建筑抗震鉴定要求的项目）。

4 岩土工程勘察报告（详勘）（如涉及）。

5 《特殊建设工程消防设计审查申请表》。

6 施工图设计文件（含图纸、计算书）。

7 其他应当提交的材料。

5.0.5 改造项目报件要件的要求

改造项目报件要件应符合以下要求：

1 不动产权登记证书应完整、齐全，有正本、明晰表（房屋登记表）、房地平面图，上报信息及施工图设计文件中的不动产权登记证书号、房屋坐落、房地平面图、房屋总层数、所在层数、建筑面积、楼号或幢号、部位及房号等内容应与不动产权登记证书一致，上报信息及施工图设计文件中的原使用用途、改造后使用性质应与不动产权登记证书中的设计用途或房屋用途一致。

2 建设工程规划许可证应完整、齐全，有正本、附件、附图，具有规划部门的签章，上报信息及施工图设计文件中的规划许可证编号、使用性质、建设位置、单体个数等应与规划许可证一致。

3 竣工验收报告的签字、签章应齐全有效，工程名称、建设单位、建设地址、建设规模、规划许可证编号等应与建设工程规划许可证一致。

4 涉及规划变更的项目，施工图设计文件应与规划批准文件一致。

5 既有建筑安全性鉴定报告、既有建筑抗震鉴定报告签字、签章应齐全有效，文件应完整，工程名称、检测地点等信息与上报信息内容一致。

6 岩土工程勘察报告（详勘）的签字、签章应齐全有效，项目名称应与报审项目名称一致。

7 《特殊建设工程消防设计审查申请表》签章应齐全有效，信息应与上报信息内容一致。

8 施工图设计文件图纸、计算书应齐全，签字、签章应齐全有效，全专业施工图设计文件均应加盖报审章或出图章，涉及且已经实施执业制度的专业应同时加盖专业负责人注册章。

5.0.6 审查机构选取

1 施工图审查报件成功后，根据机构选取相关规定选取审查机构。

2 审查机构选取应以审查机构资信评估、审查人员资信评估为依据，引入以公平竞争为基础的合理任务分配法则，规避低价竞争、恶意竞争，建立完善、公平、良好的行业竞争、任务分配机制，奖优罚劣，引导审查机构不断完善自我，规范审查行为，推动建立健康运行机制。审查机构资信评估、审查人员资信评估应符合本指南第 10.0.5 条、第 10.0.6 条的规定。

3 跨地区引进优秀审查机构时，建立外地审查机构准入评估标准，推动外地审查机构审查工作信用监管评价结果与全国审查机构信用监管评价平台的融合。

5.0.7 确认审查机构

建设单位根据审查机构选取规定确认审查机构。

5.0.8 发出任务委托函

特殊建设工程的消防设计审查任务由政府主管部门向建设单位确认的审查机构发出委托函。

5.0.9 签订审查合同

特殊建设工程消防设计审查之外内容的施工图审查服务，或其他建设工程施工图审查服务，建设单位应与确认的审查机构签订审查合同。施工图审查费用计取参照《房屋建筑和市政基础设施工程施工图设计文件审查服务成本测算导则》（该导则正在编制中）。

5.0.10 接收任务委托函、接收审查合同

审查机构接收任务委托函、接收审查合同，制定工作计划，安排各项工作人员，提出工作要求、目标等。

5.0.11 数字化图审系统建设功能

1 数字化图审系统应向建设单位、勘察设计单位提供施工图审查相关政策和管理办法汇集查看、报件要件模板下载、系统使用操作手册、办件查询、历史报件查阅功能。

2 数字化图审系统应具备按不同工程类型、不同建筑性质报件规范指南进行在线报件功能，包括报件信息填写、施工图设计文件等不同类型报件要件上传 / 预览 / 确认 / 管理、标准化作业文件自动生成、报件信息和要件送审确认功能。

3 数字化图审系统应提供建设单位授权勘察设计单位辅助报件工作功能，勘察设计单位可按其不同工作权限在系统中辅助建设单位完成施工图审查报件，包括单体工程、人防、勘察、各专业设计人员等报件相关技术信息填写、施工图设计文件等不同类型报件要件分目录上传 / 预览 / 确认 / 管理、提交建设单位确认功能。

4 数字化图审系统应提供对施工图设计文件电子签章有效性验证功能。

5 数字化图审系统应提供行业组织对审查机构、审查人员进行行业自律协助监督管理功能，包括机构人员基本信息、资质信息、利益回避关系、行业共享、资信评价等信息的查看、管理和维护。

6 数字化图审系统应根据机构选取规定引入施工图审查任务分配子系统。任务分配系统应提供不同类型和不同方式的机构选取功能，包括但不限于自动回避利益单位、符合行业自律要求的随机分派等多种机构选取方式。

7　数字化图审系统应与工程项目审批管理系统集成对接，为建设方提供与其他工程建设项目建设相关程序统一的网上办理服务。

6 接 件

概述：报审环节完成后，审查机构接收报审资料并核对、检查报审要件是否齐全有效；符合受理要求的，受理报件，接件环节结束，进入审查环节；不符合受理要求的，审查机构提交受理意见，一次性告知建设单位需要补正的全部内容。建设单位按受理意见对报审资料进行补正，审查机构对补正的报审资料复查，符合受理要求的，受理报件，接件环节结束，进入审查环节；仍不符合受理要求的，审查机构提交受理意见，建设单位再次按受理意见对报审资料进行补正，直至成功受理为止。

6.0.1 受理

审查机构受理人接收报审资料并审查报审要件是否齐全有效，新建项目受理时报件要件应符合本指南第 5.0.2 条、第 5.0.3 条的要求，改造项目受理时报件要件应符合本指南第 5.0.4 条、第 5.0.5 条的要求。

6.0.2 提交受理意见

报件要件符合要求的，生成项目编号，审查机构开始进行施工图审查；报件要件不符合要求的，审查机构应一次性告知建设单位需要补正的全部内容。

6.0.3 报审资料补正

建设单位、勘察设计单位按受理意见对报件要件进行补充、完善后提交审查机构，审查机构对提交要件进行复查。

6.0.4 数字化图审系统建设功能

1 数字化图审系统应向审查机构提供符合受理标准的不同工程类型、不同建筑性质的施工图设计文件报件受理功能，包括报审信息、施工图设计文件等各种报件要件的在线查看、受理、问题分类记录 / 查看 / 汇总 / 一次性告知建设单位、接件功能。

2 数字化图审系统应向建设单位（或授权的勘察设计单位）提供受理意见查看、相关报审信息、报件要件补正后重新提交审查机构功能。

7 审 查

7.1 初 审

概述：接件环节完成后，审查机构对施工图进行初审，初审通过的，进入审结环节；初审未通过的，审查机构出具加盖审查专用章的《施工图审查意见告知书》，提交政府主管部门备案；建设单位、勘察设计单位接收《施工图审查意见告知书》，无异议的，进入初审设计修改环节；有异议的，在规定时间内向当地政府主管部门提出异议申诉请求；政府主管部门组织申诉复议评判会，并将申诉问题评判结论告知建设单位、勘察设计单位、审查机构，进入初审设计修改环节。

7.1.1 初审

审查机构的审查人依据多审合一审查要点及计划要求对受理的施工图设计文件进行审查，提出审查意见并提交给审定人。审定人查阅施工图设计文件并对审查人提交的审查意见进行复核，提出修改意见。审查人确认并修改审查意见，将审查意见提交给机构技术负责人，经其核定后提交至机构负责人。机构负责人确认后形成初审的审查成果文件。初审通过的，进入审结环节；初审未通过的，审查机构应出具加盖审查专用章的《施工图审查意见告知书》（可参考本指南附录 D）。

7.1.2 备案

审查机构应将《施工图审查意见告知书》提交政府主管部门备案，并接收备案流水号。

7.1.3 意见接收、确认

建设单位、勘察设计单位接收《施工图审查意见告知书》。无异议的，应按审查意见对设计文件进行修改。

7.1.4 异议申诉

建设单位、勘察设计单位对《施工图审查意见告知书》有异议的，可在规定时间内向当地政府主管部门提出异议申诉请求。

7.1.5 问题评判

政府主管部门组织申诉复议评判会，并将申诉问题评判结论告知建设单位、勘察设计单位、审查机构。勘察设计单位应按复议结论修改设计文件。审查机构应按复议结论开展项目复审工作。

7.1.6 数字化图审系统建设功能

1 数字化图审系统应向审查机构提供审查任务管理、分工排期、进展跟踪、信息查询功能。

2 数字化图审系统应向审查机构提供按专业分配 1 名或多名审查专家进行分工审查、审查审定工作功能，满足同专业多人背靠背或分工审查、审查审定双轮审查等不同技术管理要求。

3 数字化图审系统应向审查机构提供在线初审功能。包括报审信息、要件文件在线浏览查看、问题批注、意见记录 / 编辑 / 管理 / 审定 / 复核 / 汇总、《施工图审查意见告知书》自动生成、在线签章、建设单位 / 勘察设计单位意见告知及主管部门备案功能。

4 数字化图审系统应向建设单位、勘察设计单位提供在线接收查看《施工图审查意见告知书》、各专业审查意见逐条回复、补充修改完善的施工图设计文件更新上传 / 预览 / 管理、复审报审确认、复审受理意见查看、重新提交复审功能。

5 数字化图审系统应向建设单位、勘察设计单位提供对《施工图审查意见告知书》在线申诉功能。

6 数字化图审系统应向审查机构提供复审报审信息及要件在线查看、受理、问题分类记录 / 查看 / 汇总 / 一次性告知建设单位、复审报审接件受理功能。

7 数字化图审系统应向审查机构提供复审报审施工图文件、审查意见答复进行多轮复审功能，包括复审报审信息及要件在线查看、问题批注、复审意见记录 / 编辑 / 管理 / 审定 / 复核 / 汇总、《施工图审查复审意见告知书》自动生成、在线签章、建设单位 / 勘察设计单位意见告知功能。

8 数字化图审系统应向审查机构提供《施工图审查通过告知书》《消防设计审查意见告知书》（仅限特殊建设工程）自动生成 / 在线查看 / 在线签章、审查通过的施工图设计文件在线批量签章功能。

9 数字化图审系统应提供施工图设计文件在线轻量化审查功能，包括图纸在线轻量化展示、放大缩小、批注、测量、增加审查意见、意见整理、意见导入导出、图纸意见定位、图纸变更比对等辅助审查功能，提升审查效率。

7.2 初审设计修改

概述：初审环节完成后，建设单位、勘察设计单位按初审意见及申诉问题评判结论对报审文件进行修改、补充、完善，初审设计修改完成后进入复审报审环节。

7.2.1 补充、回复

建设单位应按《施工图审查意见告知书》及申诉问题评判结论对报审文件进行补充、完善，并对相应审查意见逐条进行回复。

7.2.2 修改、回复

勘察设计单位应按《施工图审查意见告知书》及申诉问题评判结论对报审文件进行修改、补充、完善，并对相应审查意见逐条进行回复。

7.3 复审报审

概述：初审设计修改完成后，建设单位将修改、补充、完善后的施工图设计文件及回复意见报送原审查机构，进入复审接件环节。

7.3.1 复审报审

建设单位应将修改、补充、完善后的施工图设计文件及回复意见报送原审查机构。勘察设计单位配合建设单位提交施工图设计文件及回复意见。回复意见上应签字、签章。

7.4 复审接件

概述：建设单位复审报审完成后，审查机构接收报审资料并核对、检查报审要件是否齐全有效；符合受理要求的，受理报件，接件环节结束，进入复审环节；不符合受理要求的，审查机构提交受理意见，一次性告知建设单位需要补正的全部内容。建设单位按受理意见对报审资料进行补正，审查机构对补正的报审资料复查，符合受理要求的，受理报件，接件环节结束，进入复审环节；仍不符合受理要求的，审查机构提交受理意见，建设单位再次按受理意见对报审资料进行补正，直至成功受理为止。

7.4.1 受理

审查机构受理人接收复审报审资料，同时应检查是否提供回复意见、施工图设计文件是否符合本指南第 5.0.3 条第 7 款、第 5.0.5 条第 8 款相关要求。报审资料符合要求的，审查机构进行复审；报审资料不符合要求的，审查机构应提交受理意见，一次性告知建设单位需要补正的全部内容。

7.4.2 报审资料补正

建设单位、勘察设计单位按受理意见对报审资料进行补充、修改、完善后提交审查机构，审查机构对提交资料进行复查。

7.5 复 审

概述：复审接件环节完成后，审查机构对施工图进行复审，复审通过的，进入审结环节；复审未通过的，审查机构出具加盖审查专用章的《施工图审查复审意见告知书》；建设单位、勘察设计单位接收、确认《施工图审查复审意见告知书》，进入复审设计修改环节。

7.5.1 复审

审查机构的审查人依据《审查意见告知书》对受理的复审报审文件资料进行复审，提出复审意见并提交给审定人。审定人查阅复审报审的文件资料，并对审查人所提交的复审意见进行复核，提出修改意见。审查人确认并修改复审意见，将复审意见提交给机构技术负责人，经其核定后提交至机构负责人。机构负责人确认后形成复审的审查成果文件。复审通过的进入审结环节，复审未通过的，审查机构出具加盖审查专用章的《施工图审查复审意见告知书》（可参考本指南附录 E）。

7.5.2 意见接收、确认

建设单位、勘察设计单位接收、确认《施工图审查复审意见告知书》。

7.6 复审设计修改

概述：复审环节完成后，建设单位、勘察设计单位按复审意见对报审文件进行修改、补充、完善，复审设计修改完成后进入复审报审环节。

7.6.1 补充、回复

建设单位应按《施工图审查复审意见告知书》对报审文件进行补充、完善，并对相应审查意见逐条进行回复。

7.6.2 修改、回复

勘察设计单位应按《施工图审查复审意见告知书》对报审文件进行修改、补充、完善，并对相应审查意见逐条进行回复。

7.6.3 复审报审、接件、复审

复审设计修改完成后，建设单位、审查机构再次进行复审报审、接件、复审流程，直至通过审查。

7.7 审 结

概述：初审或复审通过后，审查机构提交审结成果文件，进入确认环节。

7.7.1 特殊建设工程审结

审查通过后，审查机构应提交经签字、签章的《施工图审查通过告知书》（可参考本指南附录F）、《消防设计审查意见告知书》（可参考本指南附录G），并对审查通过的图纸签章。

7.7.2 其他建设工程审结

审查通过后，审查机构应提交经签字、签章的《施工图审查通过告知书》，并对审查通过的图纸签章。

8 确　认

概述：审查环节完成后，审查机构将审查成果文件报政府主管部门并告知建设单位；政府主管部门对上报的成果文件进行备案，依据成果文件进行审批、费用核定；建设单位对施工图审查费用核定、结算。确认环节完成后进入办结环节。

8.0.1　备案

审查机构将《施工图审查通过告知书》《消防设计审查意见告知书》等审查成果文件报政府主管部门备案，并接收备案号。

8.0.2　特殊建设工程消防设计审查审批、费用核定

特殊建设工程消防设计审查，审查机构与政府主管部门核定消防设计审查费用。

8.0.3　其他审查费用核定、结算

特殊建设工程消防设计审查之外内容的施工图审查，或其他建设工程施工图审查，建设单位应与审查机构进行费用核定并按审查合同约定支付审查费用。

8.0.4　数字化图审系统建设功能

1　数字化图审系统应向审查机构提供将《施工图审查通过告知书》《消防设计审查意见告知书》等审查成果文件向政府主管部门备案的功能。

2　数字化图审系统应与工程建设项目审批系统集成对接，实现特殊建设工程《消防设计审查意见告知书》及审查信息共享功能，以供政府主管部门在特殊建设工程消防设计审查审批、核定费用时参考使用。

9 办 结

概述：确认环节完成后，审查机构、政府主管部门发送经确认的审查成果文件及《特殊建设工程消防设计审查意见书》；建设单位接收审查成果文件。办结环节完成后进入评价环节。

9.0.1 下发《特殊建设工程消防设计审查意见书》

特殊建设工程消防设计审查由政府主管部门下发《特殊建设工程消防设计审查意见书》。

9.0.2 发出《施工图审查通过告知书》及签章图纸

除特殊建设工程消防设计审查以外内容的审查由审查机构发出《施工图审查通过告知书》及签章图纸。

9.0.3 接收《施工图设计审查通过告知书》《特殊建设工程消防设计审查意见书》、签章图纸

建设单位接收《施工图设计审查通过告知书》及签章图纸，如为特殊建设工程，同时接收《特殊建设工程消防设计审查意见书》。

9.0.4 存档

审查机构应对办结项目的重要文件存档保存，需存档的文件可参考表 9.0.4。

审查机构需存档文件列表　　表 9.0.4

文件名称	新建项目	改造项目
建设工程规划许可证或建设工程规划前期批准文件	√	√
不动产权登记证书		√
竣工验收报告		√
《施工图审查意见告知书》	√	√
《施工图审查复审意见告知书》	√	√
《施工图审查通过告知书》	√	√
《消防设计审查意见告知书》	√	√
《特殊建设工程消防设计审查意见书》	√	√

9.0.5 数字化图审系统建设功能

1 数字化图审系统应提供向建设单位、勘察设计单位在线发送《施工图审查通过告知书》《特殊建设工程消防设计审查意见书》、审查通过的签章施工图设计文件功能。

2 数字化图审系统应向建设单位、勘察设计单位提供在线接收《施工图审查通过告知书》《特殊建设工程消防设计审查意见书》、审查通过的签章施工图设计文件功能。

3 数字化图审系统应向各相关方提供办结项目电子化存档、资料信息查阅功能。

10 评 价

概述：办结环节完成后，政府主管部门或经授权的行业组织按规定对建设单位、勘察设计单位、审查机构相关职责履行情况进行核定、评分；建设单位、勘察设计单位、审查机构按规定相互对其职责履行及服务质量进行评分；评价结果反馈并应用于后续施工图审查相关工作中。

10.0.1 建设单位及勘察设计单位对审查机构的评价

项目办结后，建设单位、勘察设计单位可对审查机构进行评价：

1 建设单位可由项目负责人从审查接件服务、审查效率、审查质量等方面对审查机构按表 10.0.1–1 进行评价。

建设单位对审查机构评分表 表 10.0.1–1

序号	评价内容	分值	评分标准	项目得分
1	审查时效	40	保证审查质量的情况下，提前完成审查	优良：36～40
			按时完成审查，无拖延审查时间情况	一般：26～35
			存在拖延审查时间情况	较差：15～25
2	审查技术能力	30	整体审查能力较强，可准确发现项目问题，无错审、漏审	优良：26～30
			整体审查能力一般，无错审	一般：21～25
			整体审查能力较差，存在错审、漏审	较差：15～20
3	审查服务水平	30	审查服务水平较高，主动与建设单位、勘察设计单位沟通	优良：26～30
			审查服务水平一般，能与建设单位、勘察设计单位沟通	一般：21～25
			审查服务水平较差，缺少与建设单位、勘察设计单位沟通的服务意识	较差：15～20

2 勘察设计单位可由项目负责人从审查接件服务、审查意见表达、规范运用、审查意见准确性、复审期间沟通交流情况等方面对审查机构按表 10.0.1–2 进行评价。

10.0.2 对勘察设计单位设计质量评价

项目办结后，审查机构可从施工图资料完整性、规范执行情况、设计技术先进性、设计深度、图纸表达清晰度、审查意见修改落实情况、复审次数等方面对勘察设计单位的设计质量进行评价，具体内容可参考本指南附录 H。

10.0.3 对建设单位职责履行评价

项目办结后，审查机构可从《施工图设计文件审查合同》签订与执行、施工图审查报审资料的真实性、施工图设计文件质量、审查意见的回复与修改等方面对建设单位职责履行进行评价，具体内容可参考本指南附录 H。

勘察设计单位对审查机构评分表　　表 10.0.1–2

序号	评价内容	分值	评分标准	项目得分
1	审查技术能力	60	审查意见非常客观、规范运用准确、语言精练表述清楚、沟通交流非常顺畅	优秀：51～60
			审查意见客观、规范运用适当、语言表述清楚、沟通交流顺畅	良好：41～50
			审查意见中有个别表述模糊，与审查人员沟通不够顺畅	一般：31～40
			审查意见中存在错审、漏审问题，或与审查人员无法沟通、审查人态度不好，或复审提出新问题	较差：21～30
2	审查时效及服务水平	40	对审查时限、服务非常满意	优秀：36～40
			对审查时限、服务满意	良好：31～35
			审查时限略超过规定，或服务一般	一般：26～30
			审查时限超过规定较多，或服务态度不好，或沟通不畅，或受理时没有看到已经提供的资料而导致退件	较差：21～25

10.0.4　抽查评价、大数据分析评价

1 行业组织受政府主管部门委托可对办结的项目进行定期抽查，根据抽查结果对建设单位、勘察设计单位、审查机构进行评价。

2　行业组织受政府主管部门委托可利用数字化图审系统数据对建设单位、勘察设计单位、审查机构进行评价。

10.0.5　审查机构资信评估

受政府主管部门委托，行业组织对审查机构进行资信评估时，评估内容应包括以下内容：

1　是否符合国家及当地关于审查机构要求具备的条件，使用符合条件的审查人员，具有健全的内部技术管理和质量保证体系，具备申报受理及电子化办公的软、硬件条件。

2　是否符合国家及当地相关法律、法规、规章、规定、要点的要求，按规定的审查、抽查内容和时限要求开展工作，擅自增加审查程序、设定额外要件。

3　是否按规定如实上报审查、抽查过程中发现的违法违规行为，擅自对超出国家现行技术标准的建设项目出具审查通过意见。

4　是否与所审查、抽查项目的建设单位、勘察设计企业有隶属关系或者其他利害关系。

5　是否有经认定、被列入失信被执行人、重大税收违法案件当事人、政府采购严重违法失信行为记录。

6　是否主动为勘察设计行业提供技术支持和服务，推动勘察设计行业相关技术创新。包括协助政府主管部门组织重大活动检查、大型会议、人员培训等，承担技术标准、管理办法、体系建设、行业发展等相关的政策解答、调研等，为社会相关单位进行技术咨询服务、公益审查等事项的服务情况等。

7　建设单位、勘察设计单位对审查机构的服务评价结论，抽查评价、大数据分析评价结论。

是否在政府主管部门、行业内部组织的抽查、检查中发现错漏审情况，被项目相关单位投诉并确认问题存在的情况，由于出现严重质量问题被政府主管部门行政处罚情况。

8 审查机构是否严格遵守行业组织规定的收费自律要求，杜绝恶性竞争。

10.0.6 审查人员资信评估

受政府主管部门委托，行业组织对审查人员进行资信评估时，评估内容应包括以下内容：

1 是否符合国家及各省、自治区、直辖市制定的关于施工图审查人员要求具备的基本条件，具备审查人员开展工作所需的专业技术资格和能力。

2 是否按照法定程序、内容、时限开展审查工作，依据相关规范、要点出具审查意见，擅自提高或降低标准，出具明显不合理、不准确的结论意见。

3 是否在政府主管部门的日常监督、质量抽查以及社会投诉、设计申诉环节发现错、漏审情况。

4 已实行执业注册制度的专业，审查人员是否按规定参加执业注册继续教育；未实行执业注册制度的专业，审查人员是否按要求参加省、自治区、直辖市人民政府住房城乡建设主管部门组织的有关法律、法规和技术标准的培训。

5 是否遵守国家及各省、自治区、直辖市制定的关于审查机构和审查人员行为准则、职业操守的相关规定。

6 是否自觉接受社会和管理部门监督，因私人关系或个人原因影响项目审查进度和审查质量；与审查、抽查项目相对人存在可能影响办理公正的社会关系的，应主动申请回避。

7 是否擅自从事与被审查、抽查项目相关的有偿技术咨询服务。

8 是否向建设单位、勘察设计单位和其他相关单位报销费用，索要或接受回扣、礼金、有价证券、贵重物品和好处费、感谢费等。

9 是否参加与项目关联的建设单位、勘察设计单位和其他相关单位人员的宴请、娱乐等活动。

10 是否利用工作之便指定或变相指定设备产品，从施工单位、设备厂家和相关技术服务机构谋取私利。

10.0.7 数字化图审系统建设功能

1 数字化图审系统评价应提供建设单位、勘察设计单位对审查机构服务评价和审查机构对施工图设计文件质量评价功能，具体包括评价维度设置维护和管理、各方按报审进行评价、评价记录信息汇总查看和分析。

2 数字化图审系统应提供支撑行业组织对各方施工图审查相关行为、质量、过程、结果进行管理监督功能，包括随机抽取项目、指派专家、专家在线审查、抽查报告出具、抽查结果公开与评价等功能。

11 评价应用

概述：政府主管部门根据评价积分按规定对建设单位、勘察设计单位、审查机构及其项目负责人实施信用积分管理、采取特定监管措施，促进相关单位职责落地、服务保障、质量提升，促进行业发展。

11.0.1 评价结论

1 行业组织可按一定的周期对施工图审查信息进行统计分析，并将分析结果报政府主管部门。

2 行业组织可通过服务评价、设计质量评价、抽查评价、大数据分析评价，对建设单位、勘察设计单位、审查机构及其项目负责人进行综合评价。

11.0.2 评价应用

1 引导建设单位合理设置勘察设计需求、择优选用勘察设计企业。

2 引导勘察设计单位合理配置资源、提升勘察设计质量。

3 引导审查机构强化内部建设，提升技术水平、能力，强化质量保障，增强行业贡献度。

4 引导相关单位选取优秀的审查机构。

5 规范从业人员行为，提升从业人员素质、能力。

11.0.3 数字化图审系统建设功能

数字化图审系统应提供支撑行业组织按周期对施工图审查信息进行各维度统计、分析，并基于分析数据对相关单位进行信用评价和信息公开功能。辅助行业组织进行行业自律监督管理，实现审查行业良性健康发展。

12 设计变更审查

概述：施工图审查通过后，建设单位将设计变更报送原审查机构；原审查机构按审查流程对修改后的设计文件进行审查。

12.0.1 设计变更报件

建设单位应将设计变更报原审查机构审查，因原审查机构注销等无法报原审查机构时，由政府主管部门确定审查机构。各流程节点详见前述各章节。《设计变更审查意见告知书》及《设计变更审查通过告知书》可参考本指南附录I。

12.0.2 数字化图审系统建设功能

数字化图审系统应提供设计变更重新报原审查机构审查功能，功能建设需覆盖满足设计变更审查全参与方、全要素、全过程的相关工作。

附录部分

合　同

附录 A　《施工图设计文件审查合同（示范文本）》

合同登记编号：

施工图设计文件审查合同（示范文本）

项 目 名 称：________________________________

委托人（甲方）：________________________________

受托人（乙方）：________________________________

项 目 编 号：________________________________

签订日期：　　年　月　日

委托人（甲方）：____________________

受托人（乙方）：____________________

依据《中华人民共和国民法典》的规定，双方就______施工图设计文件审查事宜，经协商一致，签订本合同。

第一条　施工图设计文件审查依据和内容：

1.1　施工图设计文件审查依据：

按《房屋建筑和市政基础设施工程施工图设计文件审查管理办法》第十一条，《实施工程建设强制性标准监督规定》第三条规定，受甲方委托，乙方对甲方提供的建设工程施工图设计文件进行审查。

1.2　施工图设计文件审查内容：

1.2.1　是否符合工程建设强制性标准；

1.2.2　地基基础和主体结构的安全性；

1.2.3　消防安全性（岩土勘察工程不涉及）；

1.2.4　人防工程（不含人防指挥工程）防护安全性（岩土勘察工程不涉及）；

1.2.5　是否符合民用建筑节能强制性标准、执行绿色建筑标准的项目是否符合绿色建筑标准、无障碍设施建设是否符合法律法规和标准要求（岩土勘察工程不涉及）；

1.2.6　勘察设计企业和注册执业人员以及相关人员是否按规定在施工图上加盖相应的图章和签字；

1.2.7　法律、法规、规章规定必须审查的其他内容。

第二条　履行期限、地点和方式：

本合同自____年__月__日始在乙方所在地履行。

2.1　在甲方按照本合同第三条规定提交委托送审项目的全部文件、资料后，由乙方各专业审查人员按第一条内容审查施工图设计文件，并撰写《施工图审查意见告知书》，经签章后将该告知书提交给甲方一份。初审周期为甲方提交委托送审项目的全部文件、资料后__个工作日。

2.2　乙方对甲方提交的按《施工图审查意见告知书》修改后的施工图设计文件进行复审。复审周期为初审周期的一半。

2.3　乙方审查（或者复审）通过后，发放《施工图审查通过告知书》及签章图纸。

第三条　甲方按乙方要求提供下列文件、资料：

3.1　建设工程规划许可手续（一般工程应提交建设工程规划许可证，岩土工程勘察、市政工程、轨道交通工程可提供项目的建设工程规划前期批准文件，或其他政府主管部门认可的文件）。

3.2　岩土工程勘察报告（详勘）。

3.3　房屋建筑工程抗震设防专项审查意见书（按要求需做抗震设防专项审查的项目）。

3.4　不动产权登记证书，或者同时提交建设工程规划许可证和竣工验收报告。因历史等原因无法提供上述文件的，可提供政府主管部门认可的其他文件。如为租赁使用，应提供授权证明。（仅限改造项目）。

3.5　相关规划文件（涉及规划变更的改造项目需提供）。

3.6　既有建筑安全性鉴定报告（涉及结构专业的项目）、既有建筑抗震鉴定报告（有既有建筑抗震鉴定要求的项目）。

3.7　《特殊建设工程消防设计审查申请表》（岩土工程勘察设计不涉及此项内容）。

3.8　施工图设计文件（含图纸、计算书）。

3.9　其他应当提交的材料。

注：上述图纸、资料、文件应在乙方开始施工图审查工作前提供。

第四条　技术资料的真实性与保密：

4.1　甲方向乙方提交的资料及设计文件对其真实性、完整性负责。

4.2　乙方应保护甲方的设计版权，并不得向第三方扩散，如发生以上情况，甲方有权索赔。

第五条　审查意见落实：

甲方负责监督设计单位按《施工图审查意见告知书》修改设计文件。

第六条　施工图审查服务费用（以下简称“审图费”）及计费方式：

6.1　项目规模：____

6.2　本项目审图费为：（大写）人民币____元（￥____元）。

注：最终审图费根据设计调整后的计费基数计算，计算过程为___________。

第七条　审图费付费方式：

7.1　本合同签订后____个工作日内，甲方向乙方支付____%审图费；乙方向甲方提交本项目《施工图审查意见告知书》后____个工作日内，甲方向乙方支付____%审图费；乙方向甲方提交本项目《施工图审查通过告知书》后____个工作日内，甲方向乙方结清审图费。

7.2　甲方向乙方付款前乙方需提供合法增值税专用发票。

第八条　违约责任：

按照《中华人民共和国民法典》、国家相关法规的有关条款，违约方按下述约定承担违约责任。

8.1　违反本合同第七条约定，甲方每延误一天应按项目审图费万分之____支付违约金。

第九条　解决合同纠纷的方式：

9.1　在履行本合同的过程中发生争议，双方当事人协商或调解不成的，向乙方所在地人民法院起诉。

第十条　其他：

10.1　若乙方提出《施工图审查意见告知书》后设计文件有原则性变更，例如改变方案、增层等，则需增加收费，应另签订补充合同。

10.2　乙方对《施工图审查意见告知书》所涉及的内容负责，甲方对设计单位是否按已确认的《施工图审查意见告知书》修改设计文件负责。

10.3　本合同生效后，任何一方不得单方解除本合同。如本合同由于甲方原因而解除的，乙方已完成的审查工作量不超过一半时，甲方应向乙方支付审图费的一半；若乙方的审查工作量超过一半时，甲方应向乙方支付全额审图费。如本合同由于乙方原因而解除的，乙方应将已收取的审图费并按银行同期贷款利率计付的利息一次性全额返还给甲方。

10.4　本合同如有未尽事宜，合同双方应协商并签订补充协议作为本合同附件，补充协议与本合同具有同等法律效力。

10.5　本合同经甲、乙双方签字盖章后生效。

10.6　本合同一式陆份，甲乙双方各持叁份，具有同等法律效力。

（以下无正文）

<table>
<tr><td rowspan="7">委托人
（甲方）</td><td>单位名称</td><td colspan="4"></td><td rowspan="7">合同专用章
或
单位公章

年　月　日</td></tr>
<tr><td>法定代表人
或
委托代理人</td><td colspan="4">（签章）</td></tr>
<tr><td>联系（经办）人</td><td colspan="4">（签章）</td></tr>
<tr><td>住所
（通讯地址）</td><td colspan="2"></td><td>邮政
编码</td><td></td></tr>
<tr><td>电话</td><td></td><td>传真</td><td colspan="2"></td></tr>
<tr><td>开户银行</td><td colspan="4"></td></tr>
<tr><td>账号</td><td colspan="4"></td></tr>
<tr><td rowspan="7">受托人
（乙方）</td><td>单位名称</td><td colspan="4"></td><td rowspan="7">合同专用章
或
单位公章

年　月　日</td></tr>
<tr><td>法定代表人
或
委托代理人</td><td colspan="4">（签章）</td></tr>
<tr><td>联系（经办）人</td><td colspan="4">（签章）</td></tr>
<tr><td>住所
（通讯地址）</td><td colspan="2"></td><td>邮政
编码</td><td></td></tr>
<tr><td>电话</td><td></td><td>传真</td><td colspan="2"></td></tr>
<tr><td>开户银行</td><td colspan="4"></td></tr>
<tr><td>账号</td><td colspan="4"></td></tr>
</table>

特殊建设工程申请表及委托函

附录B 《特殊建设工程消防设计审查申请表》

特殊建设工程消防设计审查申请表

（建设单位印章） 申请日期： 年 月 日

工程名称							
建设单位			联系人			联系电话	
工程地址			类 别	□新建 □扩建 □改建（装饰装修、改变用途、建筑保温）			
建设工程规划许可文件（依法需办理的）			临时性建筑批准文件（依法需办理的）				
不动产登记权属证明（依法需办理）							
规证日期		规证建设规模		规证单项个数		本次申报单项个数	
图幅号（起止点）							
特殊消防设计	□是 □否		建筑高度大于250m的建筑采取加强性消防设计措施	□是 □否			
工程投资额（万元）			总建筑面积（m^2）				
特殊建设工程情形（详见背面）			□（一）□（二）□（三）□（四）□（五）□（六） □（七）□（八）□（九）□（十）□（十一）□（十二）				

单位类别	单位名称	资质等级	法定代表人（身份证号）	项目负责人（身份证号）	联系电话（移动电话和座机）
建设单位					
设计单位					
技术服务机构					

建筑名称	结构类型	使用性质	耐火等级	层数		高度（m）		占地面积（m^2）	建筑面积（m^2）	
				地上	地下	地上	地下		地上	地下

□装饰装修	装修部位	□顶棚 □墙面 □地面 □隔断 □固定家具 □装饰织物 □其他		
	装修面积（m^2）		装修所在层数	
□改变用途	使用性质		原有用途	
□建筑保温	材料类别	□A □B1 □B2	保温所在层数	
	保温部位		保温材料	
消防设施及其他	□室内消火栓系统 □室外消火栓系统 □火灾自动报警系统 □自动喷水灭火系统 □气体灭火系统 □泡沫灭火系统 □其他灭火系统 □疏散指示标志 □消防应急照明 □防烟排烟系统 □消防电梯 □灭火器 □其他			
工程简要说明				

（背面有正文）

特殊建设工程情形：

（一）总建筑面积大于二万平方米的体育场馆、会堂，公共展览馆、博物馆的展示厅；

（二）总建筑面积大于一万五千平方米的民用机场航站楼、客运车站候车室、客运码头候船厅；

（三）总建筑面积大于一万平方米的宾馆、饭店、商场、市场；

（四）总建筑面积大于二千五百平方米的影剧院，公共图书馆的阅览室，营业性室内健身、休闲场馆，医院的门诊楼，大学的教学楼、图书馆、食堂，劳动密集型企业的生产加工车间，寺庙、教堂；

（五）总建筑面积大于一千平方米的托儿所、幼儿园的儿童用房，儿童游乐厅等室内儿童活动场所，养老院、福利院，医院、疗养院的病房楼，中小学校的教学楼、图书馆、食堂，学校的集体宿舍，劳动密集型企业的员工集体宿舍；

（六）总建筑面积大于五百平方米的歌舞厅、录像厅、放映厅、卡拉 OK 厅、夜总会、游艺厅、桑拿浴室、网吧、酒吧，具有娱乐功能的餐馆、茶馆、咖啡厅；

（七）国家工程建设消防技术标准规定的一类高层住宅建筑；

（八）城市轨道交通、隧道工程，大型发电、变配电工程；

（九）生产、储存、装卸易燃易爆危险物品的工厂、仓库和专用车站、码头，易燃易爆气体和液体的充装站、供应站、调压站；

（十）国家机关办公楼、电力调度楼、电信楼、邮政楼、防灾指挥调度楼、广播电视楼、档案楼；

（十一）设有本条第（一）项至第（六）项所列情形的建设工程；

（十二）本条第（十）项、第（十一）项规定以外的单体建筑面积大于四万平方米或者建筑高度超过五十米的公共建筑。

附录 C 《特殊建设工程消防设计审查任务委托函》

特殊建设工程消防设计审查
任务委托函

受托方：

根据相关规定，现将项目（《建设工程规划许可证》编号____________）委托给你单位，请你单位按照有关消防设计的法律、法规及工程建设标准对该项目消防设计内容进行审查，并在____个工作日内，提交该项目的《消防设计审查意见告知书》或《施工图审查意见告知书》，提交《施工图审查意见告知书》的，复审报件接件后____个工作日内，完成复审，直至提交《消防设计审查意见告知书》。具体审查费用按有关规定结算。

特此函致。

委托方：

日　期：　　年　月　日

相关告知书及意见书

附录 D 《施工图审查意见告知书》

D.1

第　页　共　页

房屋建筑工程施工图审查意见告知书
（新建）

工 程 名 称：________________

建 设 单 位：________________

设 计 单 位：________________

审查机构（盖章）：________________

审查机构法定代表人或其授权的负责人（签字）：________________

项　目　编　号：________________

流　　水　　号：________________

施 工 图 报 件 时 间：________________

施工图初审完成时间：________________

年　月　日

第　页　共　页

房屋建筑工程施工图审查意见告知书

工程名称：　　　　　　　　项目编号：　　　　　　　　流水号：

<table>
<tr><th>序号</th><th>图号</th><th>××××专业审查意见</th><th>问题类别</th></tr>
<tr><td colspan="4">共性问题</td></tr>
<tr><td></td><td></td><td></td><td></td></tr>
<tr><td></td><td></td><td></td><td></td></tr>
<tr><td></td><td></td><td></td><td></td></tr>
<tr><td colspan="4">单体 1</td></tr>
<tr><td></td><td></td><td></td><td></td></tr>
<tr><td></td><td></td><td></td><td></td></tr>
<tr><td></td><td></td><td></td><td></td></tr>
<tr><td colspan="4">单体 2</td></tr>
<tr><td></td><td></td><td></td><td></td></tr>
<tr><td></td><td></td><td></td><td></td></tr>
<tr><td></td><td></td><td></td><td></td></tr>
<tr><td colspan="4">××××专业审查结论：
□本次审查发现该工程本专业施工图设计文件存在涉及严重影响安全或违反工程建设标准强制性条文问题，或属特殊建设工程的违反工程建设消防技术标准问题，请按相关审查意见进行修改，并将修改后的施工图设计文件报送复审。
□本次审查未发现该工程本专业施工图设计文件存在涉及严重影响安全、违反工程建设标准强制性条文问题及属特殊建设工程的违反工程建设消防技术标准问题，请设计单位按本审查意见进行修改，并自行复核修改后的施工图设计文件</td></tr>
<tr><td colspan="4">审查人（签字）：××× 电话：×××××××× 审定人（签字）：××× 电话：××××××××</td></tr>
</table>

第 页 共 页

房屋建筑工程施工图审查意见告知书使用说明

1. 本意见书中的“问题类别”的含义见下表。

内容	消防（X）			环保（H）			节能（N）			无障碍（W）			人防（F）			安防（P）			住宅功能（Z）			其他（T）			绿色建筑（L）		装配式（PC）			法规
条文性质	强条	非强条	深度	强条	非强条	深度	强条	非强条	深度	强条	非强条	深度	强条	非强条	深度	强条	非强条	深度	强条	非强条	深度	强条	非强条	深度	控制项	一般项	强条	非强条	深度	(4)
建筑A	A1X	A2X	A3X	A1H	A2H	A3H	A1N	A2N	A3N	A1W	A2W	A3W	A1F	A2F	A3F	A1P	A2P	A3P	A1Z	A2Z	A3Z	A1T	A2T	A3T	A1L	A2L	A1PC	A2PC	A3PC	A4
给水排水C	C1X	C2X	C3X	C1H	C2H	C3H	C1N	C2N	C3N	中水（A）C1A	C2A	C3A	C1F	C2F	C3F	—	—	—	C1Z	C2Z	C3Z	C1T	C2T	C3T	C1L	C2L	C1PC	C2PC	C3PC	C4
暖、空D	D1X	D2X	D3X	D1H	D2H	D3H	D1N	D2N	D3N	—	—	—	D1F	D2F	D3F	—	—	—	D1Z	D2Z	D3Z	D1T	D2T	D3T	D1L	D2L	D1PC	D2PC	D3PC	D4
动力F	F1X	F2X	F3X	F1H	F2H	F3H	F1N	F2N	F3N	—	—	—	F1F	F2F	F3F	—	—	—	F1Z	F2Z	F3Z	F1T	F2T	F3T	F1L	F2L	F1PC	F2PC	F3PC	F4
电气E	E1X	E2X	E4X	—	—	E4H	E1N	E2N	E4N	E1W	E2W	E3W	E1F	E2F	E3F	E1P	E2P	E3P	E1Z	E2Z	E3Z	E1T	E2T	E3T	E1L	E2L	E1PC	E2PC	E3PC	E4

内容	消防（X）			地基基础（J）			结构设计（S）			抗震设计（K）			鉴定加固（R）			人防（F）			严重影响安全（Y）	与安全有关（G）												
条文性质	强条	非强条	深度	强条	非强条	深度	强条	非强条	深度	强条	非强条	深度	强条	非强条	深度	强条	非强条	深度														
结构B	B1X	B2X	B3X	B1J	B2J	B3J	B1S	B2S	B3S	B1K	B2K	B3K	B1R	B2R	B3R	B1F	B2F	B3F	B2Y	B2G	B1Z	B2Z	B3Z	B1T	B2T	B3T	B1L	B2L	B1PC	B2PC	B3PC	B4

2. 需报复审的，设计单位应针对需复审的问题逐条进行回复、逐条修改图纸，修改后的图纸应与回复意见一致，并将经确认修改完善后的施工图设计文件按规定报送复审。

3. 审查机构将对报复审工程修改后的施工图设计文件进行复审，需再次报送复审的出具《房屋建筑工程施工图审查复审意见告知书》。

D.2

第　页 共　页

房屋建筑工程施工图审查意见告知书

（改造）

工程名称：________________

建设单位：________________

设计单位：________________

检测鉴定单位：________________

审查机构（盖章）：________________

审查机构法定代表人或其授权的负责人（签字）：________________

项目编号：________________

流水号：________________

施工图报件时间：________________

施工图初审完成时间：________________

年　月　日

第　页　共　页

房屋建筑工程施工图审查意见告知书
（改造）

工程名称：　　　　项目编号：　　　　流水号：

序号	图号	×××× 专业审查意见	问题类别
		共性问题	
		单体 1	
		单体 2	

×××× 专业审查结论：

□ 本次审查发现该工程本专业施工图设计文件存在涉及严重影响安全或违反工程建设标准强制性条文问题，或属特殊建设工程的违反工程建设消防技术标准问题，请按相关审查意见进行修改，并将修改后的施工图设计文件报送复审。

□ 本次审查未发现该工程本专业施工图设计文件存在涉及严重影响安全、违反工程建设标准强制性条文问题及属特殊建设工程的违反工程建设消防技术标准问题，请设计单位按本审查意见进行修改，并自行复核修改后的施工图设计文件

审查人（签字）：××× 电话：×××××××× 审定人（签字）：××× 电话：××××××××

第　页　共　页

房屋建筑工程施工图审查意见告知书使用说明

1. 本意见书中的“问题类别”的含义见下表。

内容	消防（X）			环保（H）			节能（N）			无障碍（W）			人防（F）			安防（P）			住宅功能（Z）			其他（T）			绿色建筑（L）		装配式（PC）			法规
条文性质	强条	非强条	深度	强条	非强条	深度	强条	非强条	深度	强条	非强条	深度	强条	非强条	深度	强条	非强条	深度	强条	非强条	深度	强条	非强条	深度	控制项	一般项	强条	非强条	深度	(4)
建筑 A	A1X	A2X	A3X	A1H	A2H	A3H	A1N	A2N	A3N	A1W	A2W	A3W	A1F	A2F	A3F	A1P	A2P	A3P	A1Z	A2Z	A3Z	A1T	A2T	A3T	A1L	A2L	A1PC	A2PC	A3PC	A4
给水排水 C	C1X	C2X	C3X	C1H	C2H	C3H	C1N	C2N	C3N	中水（A）C1A	中水（A）C2A	中水（A）C3A	C1F	C2F	C3F	—	—	—	C1Z	C2Z	C3Z	C1T	C2T	C3T	C1L	C2L	C1PC	C2PC	C3PC	C4
暖、空 D	D1X	D2X	D3X	D1H	D2H	D3H	D1N	D2N	D3N	—	—	—	D1F	D2F	D3F	—	—	—	D1Z	D2Z	D3Z	D1T	D2T	D3T	D1L	D2L	D1PC	D2PC	D3PC	D4
动力 F	F1X	F2X	F3X	F1H	F2H	F3H	F1N	F2N	F3N	—	—	—	F1F	F2F	F3F	—	—	—	F1Z	F2Z	F3Z	F1T	F2T	F3T	F1L	F2L	F1PC	F2PC	F3PC	F4
电气 E	E1X	E2X	E4X	—	—	E4H	E1N	E2N	E4N	E1W	E2W	E3W	E1F	E2F	E3F	E1P	E2P	E3P	E1Z	E2Z	E3Z	E1T	E2T	E3T	E1L	E2L	E1PC	E2PC	E3PC	E4

内容	消防（X）			地基基础（J）			结构设计（S）			抗震设计（K）			鉴定加固（R）			人防（F）			严重影响安全（Y）	与安全有关（G）												
条文性质	强条	非强条	深度	强条	非强条	深度	强条	非强条	深度	强条	非强条	深度	强条	非强条	深度	强条	非强条	深度														
结构 B	B1X	B2X	B3X	B1J	B2J	B3J	B1S	B2S	B3S	B1K	B2K	B3K	B1R	B2R	B3R	B1F	B2F	B3F	B2Y	B2G	B1Z	B2Z	B3Z	B1T	B2T	B3T	B1L	B2L	B1PC	B2PC	B3PC	B4

2. 需报复审的，设计单位应针对需复审的问题逐条进行回复、逐条修改图纸，修改后的图纸应与回复意见一致，并将经确认修改完善后的施工图设计文件按规定报送复审。

3. 审查机构将对报复审工程修改后的施工图设计文件进行复审，需再次报送复审的出具《房屋建筑工程施工图审查复审意见告知书（改造）》。

D.3

第 页 共 页

市政工程施工图审查意见告知书

工 程 名 称:____________________

建 设 单 位:____________________

设 计 单 位:____________________

审查机构（盖章）:____________________

审查机构法定代表人或其授权的负责人（签字）:____________________

项　目　编　号:____________________

流　　水　　号:____________________

施 工 图 报 件 时 间:____________________

施工图初审完成时间:____________________

年 月 日

第 页 共 页

市政工程施工图审查意见告知书

工程名称：　　　　　项目编号：　　　　　流水号：

序号	图号	××××专业审查意见	问题类别

××××专业审查结论：

□ 本次审查发现该工程本专业施工图设计文件存在涉及严重影响安全或违反工程建设标准强制性条文问题，或属特殊建设工程的违反工程建设消防技术标准问题，请按相关审查意见进行修改，并将修改后的施工图设计文件报送复审。

□ 本次审查未发现该工程本专业施工图设计文件存在涉及严重影响安全、违反工程建设标准强制性条文问题及属特殊建设工程的违反工程建设消防技术标准问题，请设计单位按本审查意见进行修改，并自行复核修改后的施工图设计文件

审查人（签字）：××× 电话：×××××××× 审定人（签字）：××× 电话：××××××××

第 页 共 页

市政工程施工图审查意见告知书使用说明

条文性质	问题类别									
	A	B	C	D	E	F	G	H	I	J
	地基基础与结构安全	道路交通	工艺设备	厂站电气	消防	环保绿建	节能	无障碍	其他（包括功能性等方面）	人防
强条	A1	B1	C1	D1	E1	F1	G1	H1	I1	J1
非强条	A2	B2	C2	D2	E2	F2	G2	H2	I2	J2
深度	A3	B3	C3	D3	E3	F3	G3	H3	I3	J3
法规	A4	B4	C4	D4	E4	F4	G4	H4	I4	J4

注：1 问题类别由英文字母 + 阿拉伯数字组成，如“C2”即为工艺设备类违反工程建设标准一般性条文问题。

2 需报复审的，设计单位应针对需复审的问题逐条进行回复、逐条修改图纸，修改后的图纸应与回复意见一致，并将经确认修改完善后的施工图设计文件按规定报送复审。

3 审查机构将对报复审工程修改后的施工图设计文件进行复审，并出具《施工图审查复审意见告知书》。

D.4

第　页　共　页

轨道交通工程施工图审查意见告知书

工程名称：________________________________

图册名称：________________________________

建设单位：________________________________

设计单位：________________________________

审查机构（盖章）：____________________________

审查机构法定代表人或其授权的负责人（签字）：________________

项目编号：________________

流水号：________________

施工图报件时间：________________

施工图初审完成时间：________________

年　月　日

第 页 共 页

轨道交通工程施工图审查意见告知书

工程名称：　　　　图册名称：　　　　项目编号：　　　　流水号：

序号	图号	××××专业审查意见	问题类别

××××专业审查结论：

□ 本次审查发现该工程本专业施工图设计文件存在涉及严重影响安全或违反工程建设标准强制性条文问题，或属特殊建设工程的违反工程建设消防技术标准问题，请按相关审查意见进行修改，并将修改后的施工图设计文件报送复审。

□ 本次审查未发现该工程本专业施工图设计文件存在涉及严重影响安全、违反工程建设标准强制性条文问题及属特殊建设工程的违反工程建设消防技术标准问题，请设计单位按本审查意见进行修改，并自行复核修改后的施工图设计文件

审查人（签字）：××× 电话：×××××××× 审定人（签字）：××× 电话：××××××××

第 页 共 页

轨道交通工程施工图审查意见告知书使用说明

1. 本意见书中的“问题类别”的含义见下表。

条文性质	问题类别																							
	JZ	JG	GX	DZ	NT	XJ	XL	GD	LJ	DL	QL	QD	TX	XH	AFC	FAS	ISCS	BAS	OA	FIS	ACS	FT	ZT	GY	ZC
	建筑	结构	给水排水与消防	动力照明	暖通空调	限界	线路	轨道	路基	道路	桥梁	供电	通信	信号	自动售检票	火灾自动报警系统	综合监控系统	环境与设备监控系统	办公自动化	乘客信息系统	门禁	站内客运设备	站台门	车辆基地工艺	车辆基地站场线路
强条	JZ1	JG1	GX1	DZ1	NT1	XJ1	XL1	GD1	LJ1	DL1	QL1	QD1	TX1	XH1	AFC1	FAS1	ISCS1	BAS1	OA1	PIS1	ACS1	FT1	ZT1	GY1	ZC1
非强条	JZ2	JG2	GX2	DZ2	NT2	XJ2	XL2	GD2	LJ2	DL2	QL2	QD2	TX2	XH2	AFC2	FAS2	ISCS2	BAS2	OA2	PIS2	ACS2	FT2	ZT2	GY2	ZC2
深度	JZ3	JG3	GX3	DZ3	NT3	XJ3	XL3	GD3	LJ3	DL3	QL3	QD3	TX3	XH3	AFC3	FAS3	ISCS3	BAS3	OA3	PIS3	ACS3	FT3	ZT3	GY3	ZC3
法规	JZ4	JG4	GX4	DZ4	NT4	XJ4	XL4	GD4	LJ4	DL4	QL4	QD4	TX4	XH4	AFC4	FAS4	ISCS4	BAS4	OA4	PIS4	ACS4	FT4	ZT4	GY4	ZC4
消防 A 类	JZ5	JG5	GX5	DZ5	NT5	—	—	—	—	—	—	—	—	—	—	FAS5	ISCS5	BAS5	—	—	ACS5	FT5	ZT5	—	—
消防 B 类	JZ6	JG6	GX6	DZ6	NT6	—	—	—	—	—	—	—	—	—	—	FAS6	ISCS6	BAS6	—	—	ACS6	FT6	ZT6	—	—
消防 C 类	JZ7	JG7	GX7	DZ7	NT7	—	—	—	—	—	—	—	—	—	—	FAS7	ISCS7	BAS7	—	—	ACS7	FT7	ZT7	—	—

注：1　施工图设计文件审查的“条文性质”分别是：强条、非强条、深度、法规。

强条：违反设计规范中以黑体字表示的条文；

非强条：违反设计规范中强条以外的条文；

深度：设计深度。文件表达不清楚、缺三审签字、缺专业会签、缺总体和系统签字、缺设计依据（如详勘报告、计算书、初步设计审查意见等）。

2　消防设计文件审查的“问题类别”分为 A、B、C 三类。

A 类为国家工程建设消防技术标准强制性条文规定的内容；

B 类为国家工程建设消防技术标准中带有“严禁”“必须”“应”“不应”“不得”要求的非强制性条文规定的内容；

C 类为国家工程建设消防技术标准中其他非强制性条文规定的内容。

2. 需报复审的，设计单位应针对需复审的问题逐条进行回复、逐条修改图纸，修改后的图纸应与回复意见一致，并将经确认修改完善后的施工图设计文件按规定报送复审。

3. 审查机构将对报复审工程修改后的施工图设计文件进行复审，并出具《轨道交通工程施工图审查复审意见告知书》。

D.5

第　页共　页

岩土工程勘察设计文件审查意见告知书

工程名称：____________________

建设单位：____________________

勘察设计单位：____________________

审查机构（盖章）：____________________

审查机构法定代表人或其授权的负责人（签字）：____________________

项目编号：____________________

流水号：____________________

勘察设计报件时间：____________________

勘察设计初审完成时间：____________________

年　月　日

第　页　共　页

岩土工程勘察设计文件审查意见告知书

工程名称：　　　　项目编号：　　　　流水号：

序号	图号	审查意见	问题类别

勘察设计专业审查结论：

□ 本次审查发现该工程勘察设计文件存在涉及严重影响安全或违反工程建设标准强制性条文问题，请按相关审查意见进行修改，并将修改后的勘察设计文件报送复审。

□ 本次审查未发现该工程勘察设计文件存在涉及严重影响安全及违反工程建设标准强制性条文问题，请勘察设计单位按本审查意见进行修改，并自行复核修改后的勘察设计文件

审查人（签字）：××× 电话：×××××××× 审定人（签字）：××× 电话：××××××××

本意见书中的“问题类别”的含义如下：A 违反强制性条文，简称“强条”；B 违反规范一般性条文，简称“非强条”；C 存在严重安全隐患，简称“安全隐患”；D 不满足深度规定要求及技术管理要求等。

附录 E 《施工图审查复审意见告知书》

E.1

第 页 共 页

房屋建筑工程施工图审查复审意见告知书

（新建）

（第 × 次复审）

工 程 名 称：________________

建 设 单 位：________________

设 计 单 位：________________

审查机构（盖章）：________________

审查机构法定代表人或其授权的负责人（签字）：________________

项 目 编 号：________________

流 水 号：________________

施工图复审报件时间：________________

施工图复审完成时间：________________

年 月 日

第　页　共　页

房屋建筑工程施工图审查复审意见告知书

工程名称：　　　　　　　　　　项目编号：

复审次数：第 × 次　　　　　　流 水 号：

×××× 专业复审结论：

□本次复审未发现该工程按意见书修改后的施工图设计文件存在涉及严重影响安全、违反工程建设标准强制性条文问题及属特殊建设工程的违反工程建设消防技术标准问题。

□本次复审发现该工程按意见书修改后的施工图设计文件仍存在涉及严重影响安全或违反工程建设标准强制性条文问题，或属特殊建设工程的违反工程建设消防技术标准问题，请按以下复审意见继续进行修改并逐条回复，并请将再次修改后的该工程施工图设计文件再次报送复审。

序号	图号	×××× 专业复审意见
共性问题		
单体 1		
单体 2		
审查人（签字）：××× 电话：××××××××		

日期：　　年　月　日

E.2

第　页共　页

房屋建筑工程施工图审查复审意见告知书

（改造）

（第 × 次复审）

工 程 名 称：________________

建 设 单 位：________________

设 计 单 位：________________

检测鉴定单位：________________

审查机构（盖章）：________________

审查机构法定代表人或其授权的负责人（签字）：________________

项　目　编　号：________________

流　水　号：________________

施工图复审报件时间：________________

施工图复审完成时间：________________

年　月　日

第　页　共　页

房屋建筑工程施工图审查复审意见告知书
（改造）

工程名称：　　　　　　　　　　　　　项目编号：
复审次数：第 × 次　　　　　　　　　流 水 号：

× × × × 专业复审结论：

□本次复审未发现该工程按意见书修改后的施工图设计文件存在涉及严重影响安全、违反工程建设标准强制性条文问题及属特殊建设工程的违反工程建设消防技术标准问题。

□本次复审发现该工程按意见书修改后的施工图设计文件仍存在涉及严重影响安全或违反工程建设标准强制性条文问题，或属特殊建设工程的违反工程建设消防技术标准问题，请按以下复审意见继续进行修改并逐条回复，并请将再次修改后的该工程施工图设计文件再次报送复审。

序号	图号	× × × × 专业复审意见
共性问题		
单体 1		
单体 2		
审查人（签字）：× × ×　　　电话：× × × × × × × ×		

日期：　年　月　日

E.3

第 页 共 页

市政工程施工图审查复审意见告知书

（第 × 次复审）

工 程 名 称：________________

建 设 单 位：________________

设 计 单 位：________________

审查机构（盖章）：________________

审查机构法定代表人或其授权的负责人（签字）：________________

项 目 编 号：________________

流 水 号：________________

施工图复审报件时间：________________

施工图复审完成时间：________________

年 月 日

第　页　共　页

市政工程施工图审查复审意见告知书

工程名称：　　　　　　　　项目编号：

复审次数：第 × 次　　　　流 水 号：

× × × × 专业复审结论：

□本次复审未发现该工程按意见书修改后的施工图设计文件存在涉及严重影响安全、违反工程建设标准强制性条文问题及属特殊建设工程的违反工程建设消防技术标准问题。

□本次复审发现该工程按意见书修改后的施工图设计文件仍存在涉及严重影响安全或违反工程建设标准强制性条文问题，或属特殊建设工程的违反工程建设消防技术标准问题，请按以下复审意见继续进行修改并逐条回复，并请将再次修改后的该工程施工图设计文件再次报送复审。

序号	图号	× × × × 专业复审意见
审查人（签字）：× × ×　　　电话：× × × × × × × ×		

日期：　　年　月　日

E.4

第　页　共　页

轨道交通工程施工图审查复审意见告知书

（第 × 次复审）

工 程 名 称：____________________

图 册 名 称：____________________

建 设 单 位：____________________

设 计 单 位：____________________

审查机构（盖章）：____________________

审查机构法定代表人或其授权的负责人（签字）：____________________

项　目　编　号：____________________

流　　水　　号：____________________

施工图复审报件时间：____________________

施工图复审完成时间：____________________

年　月　日

第 页 共 页

轨道交通工程施工图审查复审意见告知书

工程名称：　　　　项目编号：　　　　图册名称：

复审次数：第 × 次　　　　流 水 号：

××××专业复审结论：

□本次复审未发现该工程按意见书修改后的施工图设计文件存在涉及严重影响安全、违反工程建设标准强制性条文问题及属特殊建设工程的违反工程建设消防技术标准问题。

□本次复审发现该工程按意见书修改后的施工图设计文件仍存在涉及严重影响安全或违反工程建设标准强制性条文问题，或属特殊建设工程的违反工程建设消防技术标准问题，请按以下复审意见继续进行修改并逐条回复，并请将再次修改后的该工程施工图设计文件再次报送复审。

序号	图号	××××专业复审意见
审查人（签字）：×××	电话：××××××××	

日期：　　年　月　日

E.5

第 页 共 页

岩土工程勘察设计文件审查复审意见告知书

（第 × 次复审）

工 程 名 称：____

建 设 单 位：____

勘察设计单位：____

审查机构（盖章）**：**____________________________________

审查机构法定代表人或其授权的负责人（签字）**：**________________________

项 目 编 号：____________________

流 水 号：____________________

勘察设计复审报件时间：____________________

勘察设计复审完成时间：____________________

年 月 日

第　页　共　页

岩土工程勘察设计文件审查复审意见告知书

工程名称：　　　　　　　　　　　　项目编号：

复审次数：第 × 次　　　　　　　　流 水 号：

勘察设计专业复审结论：

□ 本次复审未发现该工程按意见书修改后的勘察设计文件存在涉及严重影响安全及违反工程建设标准强制性条文问题。

□ 本次复审发现该工程按意见书修改后的勘察设计文件仍存在涉及严重影响安全或违反工程建设标准强制性条文问题，请按以下复审意见继续进行修改并逐条回复，并请将再次修改后的该工程勘察设计文件再次报送复审。

序号	复审意见
审查人（签字）：××× 　　电话：××××××××	

日期：　　年　月　日

附录F 《施工图审查通过告知书》

F.1

备案号: 第 页 共 页

房屋建筑工程施工图审查通过告知书
（新建）

工程名称:______

建设单位:______

设计单位:______

审查机构（盖章）:______

审查机构法定代表人或其授权的负责人（签字）:______

项目编号:______

流水号:______

施工图报件时间:______

施工图初审完成时间:______

施工图复审报件时间:______

施工图审查完成时间:______

年 月 日

备案号：　　　　　　　　　　　　　　　　　　　　　第　页　共　页

房屋建筑工程施工图审查通过告知书

项目编号：　　　　　　　　　　　　　　　　流水号：

建设规模	m²		工程证明文件文号		
建设地点					
建设单位项目负责人信息表					
姓　名			身份证号		
电　话			手 机 号		
变更情况					
设计单位项目负责人信息表					
姓　名			身份证号		
电　话			手 机 号		
注册证书	编号		类别		
	专业		期限		
变更情况					

审查机构意见：

工程概况：本次审查的工程是：　　　，总建筑面积　　m^2，其中人防工程总建筑面积　　m^2。该工程绿色建筑设计标准按　星级设计。各单体概况如下：

单体 1：　　。建筑面积　m^2，地上建筑面积：　m^2，地下建筑面积：　m^2，地上　层，地下　层，地上高度　m，地下高度　m，　　基础，　　结构。

1. 建设单位提供的文件和资料符合受理要求。

2. 经审查，未发现该工程施工图设计文件存在涉及严重影响安全及违反工程建设标准强制性条文问题。

审查机构法定代表人 **或其授权的负责人：**	**审查机构全称：** （盖　章）

F.2

备案号：　　　　　　　　　　　　　　　　　　　　　　　　　　　第　页　共　页

房屋建筑工程施工图审查通过告知书
（改造）

工 程 名 称：________________

建 设 单 位：________________

设 计 单 位：________________

检测鉴定单位：________________

审查机构（盖章）：________________

审查机构法定代表人或其授权的负责人（签字）：________________

项　目　编　号：________________

流　　水　　号：________________

施 工 图 报 件 时 间：________________

施工图初审完成时间：________________

施工图复审报件时间：________________

施工图审查完成时间：________________

年　月　日

备案号：　　　　　　　　　　　　　　　　　　　　　　　　　　　第　页　共　页

房屋建筑工程施工图审查通过告知书
（改造）

项目编号：　　　　　　　　　　　　　　　　　　　流水号：

建设规模	m^2		**工程证明文件文号**		
建设地点					
建设单位项目负责人信息表					
姓　名			身份证号		
电　话			手 机 号		
变更情况					
设计单位项目负责人信息表					
姓　名			身份证号		
电　话			手 机 号		
注册证书	编号		类别		
	专业		期限		
变更情况					

审查机构意见：

工程概况：本次审查的工程是：　　　。原建筑概况：原建筑面积　m^2，地上面积　m^2，地下面积　m^2，地上　层，地下　层，地上高度　m，地下高度　m，使用性质：　。改造概况：规模　m^2，位置：　，使用性质　。

1. 建设单位提供的文件和资料符合受理要求。

2. 经审查，未发现该工程施工图设计文件存在涉及严重影响安全及违反工程建设标准强制性条文问题。

审查机构法定代表人或其授权的负责人：	**审查机构全称：** **（盖　章）**

F.3

备案号：　　　　　　　　　　　　　　　　　　　　　　　　　第　页　共　页

市政工程施工图审查通过告知书

工 程 名 称：________________________________

建 设 单 位：________________________________

设 计 单 位：________________________________

审查机构（盖章）：________________________________

审查机构法定代表人或其授权的负责人（签字）：________________

项　目　编　号：______________

流　　水　　号：______________

施工图报件时间：______________

施工图初审完成时间：______________

施工图复审报件时间：______________

施工图审查完成时间：______________

年　月　日

备案号： 第 页 共 页

市政工程施工图审查通过告知书

项目编号： 流水号：

<table>
<tr><td>建设工程规划许可证文号</td><td colspan="2"></td><td>建设地点</td><td colspan="2"></td></tr>
<tr><td>工程规模</td><td colspan="5"></td></tr>
<tr><td colspan="6">建设单位项目负责人信息表</td></tr>
<tr><td>姓　名</td><td colspan="2"></td><td>身份证号</td><td colspan="2"></td></tr>
<tr><td>电　话</td><td colspan="2"></td><td>手 机 号</td><td colspan="2"></td></tr>
<tr><td>变更情况</td><td colspan="5">未变更</td></tr>
<tr><td colspan="6">设计单位项目负责人信息表</td></tr>
<tr><td>姓　名</td><td colspan="2"></td><td>身份证号</td><td colspan="2"></td></tr>
<tr><td>电　话</td><td colspan="2"></td><td>手 机 号</td><td colspan="2"></td></tr>
<tr><td rowspan="2">注册证书</td><td>编号</td><td colspan="2"></td><td>类别</td><td></td></tr>
<tr><td>专业</td><td colspan="2"></td><td>期限</td><td></td></tr>
<tr><td>变更情况</td><td colspan="5">未变更</td></tr>
<tr><td colspan="6">审查机构意见：
工程概况：本次审查的工程是：　　　　　。其中，不含人防工程。
1. 建设单位提供的文件和资料符合受理要求。
2. 经审查，未发现该工程施工图设计文件存在涉及严重影响安全及违反工程建设标准强制性条文问题。</td></tr>
<tr><td colspan="3">审查机构法定代表人
或其授权的负责人：</td><td colspan="3">审查机构全称：

（盖　章）</td></tr>
</table>

F.4

备案号：　　　　　　　　　　　　　　　　　　　　　　　　第　页　共　页

轨道交通工程施工图审查通过告知书

工 程 名 称：________________________________

图 册 名 称：________________________________

建 设 单 位：________________________________

设 计 单 位：________________________________

审查机构（盖章）：________________________________

审查机构法定代表人或其授权的负责人（签字）：________________

项　目　编　号：________________

流　　水　　号：________________

施 工 图 报 件 时 间：________________

施工图初审完成时间：________________

施工图复审报件时间：________________

施工图审查完成时间：________________

年　月　日

备案号：　　　　　　　　　　　　　　　　　　　　　　　　　　　第　页　共　页

轨道交通工程施工图审查通过告知书

项目编号：　　　　　　　　　　　　　　　　　　流水号：

<table>
<tr><td>建设规模</td><td colspan="2"></td><td>规划方案批复
文件文号</td><td colspan="2"></td></tr>
<tr><td>建设地点</td><td colspan="5"></td></tr>
<tr><td colspan="6">建设单位项目负责人信息表</td></tr>
<tr><td>姓　名</td><td colspan="2"></td><td>身份证号</td><td colspan="2"></td></tr>
<tr><td>电　话</td><td colspan="2"></td><td>手 机 号</td><td colspan="2"></td></tr>
<tr><td>变更情况</td><td colspan="5"></td></tr>
<tr><td colspan="6">设计单位项目负责人信息表</td></tr>
<tr><td>姓　名</td><td colspan="2"></td><td>身份证号</td><td colspan="2"></td></tr>
<tr><td>电　话</td><td colspan="2"></td><td>手 机 号</td><td colspan="2"></td></tr>
<tr><td rowspan="2">注册证书</td><td>编号</td><td></td><td>类别</td><td colspan="2"></td></tr>
<tr><td>专业</td><td></td><td>期限</td><td colspan="2"></td></tr>
<tr><td>变更情况</td><td colspan="5"></td></tr>
<tr><td colspan="6">审查机构意见：
工程概况：本次审查的工程是：　　，工程等级　　，线路总长　m。其中，车站个数　　，区间段数　　，车辆段及停车场个数　　，抗震等级　　，设防烈度　　。
1. 建设单位提供的文件和资料符合受理要求。
2. 经审查，未发现该工程施工图设计文件存在涉及严重影响安全及违反工程建设标准强制性条文问题。</td></tr>
<tr><td colspan="3">审查机构法定代表人
或其授权的负责人：</td><td colspan="3">审查机构全称：

（盖　章）</td></tr>
</table>

F.5

备案号：　　　　　　　　　　　　　　　　　　　　　　　　　　　第　页 共　页

岩土工程勘察设计文件审查通过告知书

工程名称：____

建设单位：____

勘察设计单位：______________________________________

审查机构（盖章）：_____________________________________

审查机构法定代表人或其授权的负责人（签字）：______________________

项目编号：________________

流水号：________________

勘察设计报件时间：________________

勘察设计初审完成时间：________________

勘察设计复审报件时间：________________

勘察设计审查完成时间：________________

年　月　日

备案号：　　　　　　　　　　　　　　　　　　　　　　第　页　共　页

岩土工程勘察设计文件审查通过告知书

项目编号：　　　　　　　　　　　　　　　　流水号：

<table>
<tr><td>钻探总进尺</td><td colspan="2">m</td><td>建设工程
规划文件文号</td><td colspan="2"></td></tr>
<tr><td>建设地点</td><td colspan="5"></td></tr>
<tr><td colspan="6">建设单位项目负责人信息表</td></tr>
<tr><td>姓　名</td><td colspan="2"></td><td>身份证号</td><td colspan="2"></td></tr>
<tr><td>电　话</td><td colspan="2"></td><td>手 机 号</td><td colspan="2"></td></tr>
<tr><td>变更情况</td><td colspan="5"></td></tr>
<tr><td colspan="6">勘察设计单位项目负责人信息表</td></tr>
<tr><td>姓　名</td><td colspan="2"></td><td>身份证号</td><td colspan="2"></td></tr>
<tr><td>电　话</td><td colspan="2"></td><td>手 机 号</td><td colspan="2"></td></tr>
<tr><td rowspan="2">注册证书</td><td>编号</td><td colspan="2"></td><td>类别</td><td></td></tr>
<tr><td>专业</td><td colspan="2"></td><td>期限</td><td></td></tr>
<tr><td>变更情况</td><td colspan="5"></td></tr>
<tr><td colspan="6">审查机构意见：
工程概况：　　　　。本次审查的工程是：　　　　。
审查范围：
1. 建设单位提供的文件和资料符合受理要求。
2. 经审查，未发现该工程勘察设计文件存在涉及严重影响安全及违反工程建设标准强制性条文问题。</td></tr>
<tr><td colspan="3">审查机构法定代表人
或其授权的负责人：</td><td colspan="3">审查机构全称：

（盖　章）</td></tr>
</table>

附录 G　消防设计审查意见告知书

G.1

第　页共　页

房屋建筑工程消防设计审查意见告知书
（新建）

工程名称：________________

建设单位：________________

设计单位：________________

审查机构（盖章）：________________

审查机构法定代表人或其授权的负责人（签字）：________________

项目编号：________________

流水号：________________

施工图报件时间：________________

施工图审查完成时间：________________

年　月　日

房屋建筑工程消防设计审查意见告知书

项目编号：　　　　　　　　　　　　　　流水号：

<table>
<tr><td>建设规模</td><td colspan="2">m^2</td><td colspan="2">工程证明
文件文号</td><td colspan="2"></td></tr>
<tr><td>建设地点</td><td colspan="6"></td></tr>
<tr><td colspan="7">建设单位项目负责人信息表</td></tr>
<tr><td>姓　名</td><td colspan="2"></td><td colspan="2">身份证号</td><td colspan="2"></td></tr>
<tr><td>电　话</td><td colspan="2"></td><td colspan="2">手 机 号</td><td colspan="2"></td></tr>
<tr><td>变更情况</td><td colspan="6"></td></tr>
<tr><td colspan="7">设计单位项目负责人信息表</td></tr>
<tr><td>姓　名</td><td colspan="2"></td><td colspan="2">身份证号</td><td colspan="2"></td></tr>
<tr><td>电　话</td><td colspan="2"></td><td colspan="2">手 机 号</td><td colspan="2"></td></tr>
<tr><td rowspan="2">注册证书</td><td>编号</td><td colspan="2"></td><td>类别</td><td colspan="2"></td></tr>
<tr><td>专业</td><td colspan="2"></td><td>期限</td><td colspan="2"></td></tr>
<tr><td>变更情况</td><td colspan="6"></td></tr>
<tr><td colspan="7">审查机构意见：
工程概况：本次审查的工程是：　　　　，总建筑面积　m^2。各单体概况如下：
单体1：　。建筑面积　m^2，地上建筑面积：　m^2，地下建筑面积：　m^2，地上高度　m，地下高度　m，地上　层，地下　层，使用性质：　　　。
1. 建设单位提供的文件和资料符合消防设计受理要求。
2. □ 经审查，未发现该工程施工图设计文件中的消防设计内容存在涉及严重影响消防设计安全及违反工程建设消防技术标准问题，该工程消防设计审查通过。
3. □ 经审查，发现该工程施工图设计文件中的消防设计内容存在涉及严重影响消防设计安全或违反工程建设消防技术标准问题，该工程消防设计审查不通过，见附件：《房屋建筑工程消防设计审查意见书》。</td></tr>
<tr><td colspan="4">审查机构法定代表人
或其授权的负责人：</td><td colspan="3">审查机构全称：

（盖　章）</td></tr>
</table>

附件：

第　页　共　页

房屋建筑工程消防设计审查意见书

工程名称：　　　　　　　项目编号：　　　　　　　流水号：

序号	图号	××××专业审查意见	问题类别
共性问题			
单体 1			
单体 2			
××××专业审查结论： □本次审查发现该工程施工图设计文件中的消防设计内容存在涉及严重影响消防设计安全或违反工程建设消防技术标准问题。 □本次审查未发现该工程施工图设计文件中的消防设计内容存在涉及严重影响消防设计安全及违反工程建设消防技术标准问题			
审查人（签字）：×××　电话：××××××××　审定人（签字）：×××　电话：××××××××			

第　页　共　页

房屋建筑工程消防设计审查意见书使用说明

本意见书中的“问题类别”的含义见下表。

内容	消防（X）			法规
条文性质	强条	非强条	深度	(4)
建筑 A	A1X	A2X	A3X	A4
给水排水 C	C1X	C2X	C3X	C4
暖、空 D	D1X	D2X	D3X	D4
动力 F	F1X	F2X	F3X	F4
电气 E	E1X	E2X	E3X	E4
结构 B	B1X	B2X	B3X	B4

G.2

第　页 共　页

房屋建筑工程消防设计审查意见告知书

（改造）

工程名称：____

建设单位：____

设计单位：____

检测鉴定单位：______________________________________

审查机构（盖章）：___________________________________

审查机构法定代表人或其授权的负责人（签字）：____________________

项　目　编　号：____________________

流　　水　　号：____________________

施工图报件时间：____________________

施工图审查完成时间：____________________

年　月　日

第 页 共 页

房屋建筑工程消防设计审查意见告知书

（改造）

项目编号：　　　　　　　　　　　　　　　流水号：

<table>
<tr><td>建设规模</td><td colspan="2">m²</td><td>工程证明
文件文号</td><td colspan="2"></td></tr>
<tr><td>建设地点</td><td colspan="5"></td></tr>
<tr><td colspan="6">建设单位项目负责人信息表</td></tr>
<tr><td>姓　名</td><td colspan="2"></td><td>身份证号</td><td colspan="2"></td></tr>
<tr><td>电　话</td><td colspan="2"></td><td>手 机 号</td><td colspan="2"></td></tr>
<tr><td>变更情况</td><td colspan="5"></td></tr>
<tr><td colspan="6">设计单位项目负责人信息表</td></tr>
<tr><td>姓　名</td><td colspan="2"></td><td>身份证号</td><td colspan="2"></td></tr>
<tr><td>电　话</td><td colspan="2"></td><td>手 机 号</td><td colspan="2"></td></tr>
<tr><td rowspan="2">注册证书</td><td>编号</td><td colspan="2"></td><td>类别</td><td></td></tr>
<tr><td>专业</td><td colspan="2"></td><td>期限</td><td></td></tr>
<tr><td>变更情况</td><td colspan="5"></td></tr>
<tr><td colspan="6">审查机构意见：
工程概况：本次审查的工程是：　　　。
单体 1：　工程。原建筑概况：原建筑面积　m²，地上面积　m²，地下面积　m²，地上　层，地下　层，地上高度　m，地下高度　m，使用性质：　。改造概况：规模　m²，位置：，使用性质　。
1. 建设单位提供的文件和资料符合消防设计受理要求。
2. □ 经审查，未发现该工程施工图设计文件中的消防设计内容存在涉及严重影响消防设计安全及违反工程建设消防技术标准问题，该工程消防设计审查通过。
3. □ 经审查，发现该工程施工图设计文件中的消防设计内容存在涉及严重影响消防设计安全或违反工程建设消防技术标准问题，该工程消防设计审查不通过，见附件：《房屋建筑工程消防设计审查意见书（改造）》。</td></tr>
<tr><td colspan="3">审查机构法定代表人
或其授权的负责人：</td><td colspan="3">审查机构全称：

（盖　章）</td></tr>
</table>

附件：

第　页共　页

房屋建筑工程消防设计审查意见书
（改造）

工程名称：　　　　项目编号：　　　　流水号：

序号	图号	××××专业审查意见	问题类别
		共性问题	
		单体 1	
		单体 2	

××××专业审查结论：

□ 本次审查发现该工程施工图设计文件中的消防设计内容存在涉及严重影响消防设计安全或违反工程建设消防技术标准问题。

□ 本次审查未发现该工程施工图设计文件中的消防设计内容存在涉及严重影响消防设计安全及违反工程建设消防技术标准问题

审查人（签字）：××× 电话：×××××××× 审定人（签字）：××× 电话：××××××××

第 页 共 页

房屋建筑工程消防设计审查意见书使用说明

本意见书中的“问题类别”的含义见下表。

内容	消防（X）			法规
条文性质	强条	非强条	深度	（4）
建筑 A	A1X	A2X	A3X	A4
给水排水 C	C1X	C2X	C3X	C4
暖、空 D	D1X	D2X	D3X	D4
动力 F	F1X	F2X	F3X	F4
电气 E	E1X	E2X	E3X	E4
结构 B	B1X	B2X	B3X	B4

G.3

第　页　共　页

市政工程消防设计审查意见告知书

工 程 名 称：______________________________

建 设 单 位：______________________________

设 计 单 位：______________________________

审查机构（盖章）：______________________________

审查机构法定代表人或其授权的负责人（签字）：______________________________

项　　目　　编　　号：______________

流　　　水　　　号：______________

施 工 图 报 件 时 间：______________

施工图审查完成时间：______________

年　月　日

第　页　共　页

市政工程消防设计审查意见告知书

项目编号：　　　　　　　　　　　　　　　　流水号：

<table>
<tr><td>建设工程规划
许可证文号</td><td colspan="2"></td><td>建设地点</td><td colspan="2"></td></tr>
<tr><td>工程规模</td><td colspan="5"></td></tr>
<tr><td colspan="6">建设单位项目负责人信息表</td></tr>
<tr><td>姓　名</td><td colspan="2"></td><td>身份证号</td><td colspan="2"></td></tr>
<tr><td>电　话</td><td colspan="2"></td><td>手 机 号</td><td colspan="2"></td></tr>
<tr><td>变更情况</td><td colspan="5">未变更</td></tr>
<tr><td colspan="6">设计单位项目负责人信息表</td></tr>
<tr><td>姓　名</td><td colspan="2"></td><td>身份证号</td><td colspan="2"></td></tr>
<tr><td>电　话</td><td colspan="2"></td><td>手 机 号</td><td colspan="2"></td></tr>
<tr><td rowspan="2">注册证书</td><td>编号</td><td></td><td>类别</td><td colspan="2"></td></tr>
<tr><td>专业</td><td></td><td>期限</td><td colspan="2"></td></tr>
<tr><td>变更情况</td><td colspan="5">未变更</td></tr>
<tr><td colspan="6">审查机构意见：
工程概况：本次审查的工程是：　，其中，不含人防工程。
1. 建设单位提供的文件和资料符合消防设计受理要求。
2. □ 经审查，未发现该工程施工图设计文件中的消防设计内容存在涉及严重影响消防设计安全及违反工程建设消防技术标准问题，该工程消防设计审查通过。
3. □ 经审查，发现该工程施工图设计文件中的消防设计内容存在涉及严重影响消防设计安全或违反工程建设消防技术标准问题，该工程消防设计审查不通过，见附件：《市政工程消防设计审查意见书》。</td></tr>
<tr><td colspan="3">审查机构法定代表人
或其授权的负责人：</td><td colspan="3">审查机构全称：

（盖　章）</td></tr>
</table>

附件：

第　页共　页

市政工程消防设计审查意见书

工程名称：　　　　　　项目编号：　　　　　　流水号：

序号	图号	××××专业审查意见	问题类别

××××专业审查结论：

□本次审查发现该工程施工图设计文件中的消防设计内容存在涉及严重影响消防设计安全或违反工程建设消防技术标准问题。

□本次审查未发现该工程施工图设计文件中的消防设计内容存在涉及严重影响消防设计安全及违反工程建设消防技术标准问题

审查人（签字）：××× 电话：×××××××× 审定人（签字）：××× 电话：××××××××

第 页 共 页

市政工程消防设计审查意见书使用说明

本意见书中的“问题类别”的含义见下表。

内容	消防（X）			法规
条文性质	强条	非强条	深度	(4)
建筑 A	A1X	A2X	A3X	A4
给水排水 C	C1X	C2X	C3X	C4
暖、空 D	D1X	D2X	D3X	D4
动力 F	F1X	F2X	F3X	F4
电气 E	E1X	E2X	E3X	E4
结构 B	B1X	B2X	B3X	B4

G.4

第　页　共　页

轨道交通工程消防设计审查意见告知书

工程名称：________________

图册名称：________________

建设单位：________________

设计单位：________________

审查机构（盖章）：________________

审查机构法定代表人或其授权的负责人（签字）：________________

项目编号：________________

流水号：________________

施工图报件时间：________________

施工图审查完成时间：________________

年　月　日

第　页　共　页

轨道交通工程消防设计审查意见告知书

项目编号：　　　　　　　　　　　　　　　　流水号：

<table>
<tr><td>建设规模</td><td colspan="2">m^2</td><td>工程证明
文件文号</td><td colspan="2"></td></tr>
<tr><td>建设地点</td><td colspan="5"></td></tr>
<tr><td colspan="6">建设单位项目负责人信息表</td></tr>
<tr><td>姓　名</td><td colspan="2"></td><td>身份证号</td><td colspan="2"></td></tr>
<tr><td>电　话</td><td colspan="2"></td><td>手 机 号</td><td colspan="2"></td></tr>
<tr><td>变更情况</td><td colspan="5"></td></tr>
<tr><td colspan="6">设计单位项目负责人信息表</td></tr>
<tr><td>姓　名</td><td colspan="2"></td><td>身份证号</td><td colspan="2"></td></tr>
<tr><td>电　话</td><td colspan="2"></td><td>手 机 号</td><td colspan="2"></td></tr>
<tr><td rowspan="2">注册证书</td><td>编号</td><td></td><td></td><td>类别</td><td></td></tr>
<tr><td>专业</td><td></td><td></td><td>期限</td><td></td></tr>
<tr><td>变更情况</td><td colspan="5"></td></tr>
<tr><td colspan="6">审查机构意见：
工程概况：本次审查的工程是：　　，工程等级　　，线路总长　。其中，车站个数　，区间段数　，车辆段及停车场个数　，抗震等级　，设防烈度　。
1. 建设单位提供的文件和资料符合消防设计受理要求。
2. □ 经审查，未发现该工程施工图设计文件中的消防设计内容存在涉及严重影响消防设计安全及违反工程建设消防技术标准问题，该工程消防设计审查通过。
3. □ 经审查，发现该工程施工图设计文件中的消防设计内容存在涉及严重影响消防设计安全或违反工程建设消防技术标准问题，该工程消防设计审查不通过，见附件：《轨道交通工程消防设计审查意见书》。</td></tr>
<tr><td colspan="3">审查机构法定代表人
或其授权的负责人：</td><td colspan="3">审查机构全称：

（盖　章）</td></tr>
</table>

附件：

第　页　共　页

轨道交通工程消防设计审查意见书

工程名称：　　　　　　　　项目编号：　　　　　　　　流水号：

序号	图号	××××专业审查意见	问题类别

××××专业审查结论：

□ 本次审查发现该工程施工图设计文件中的消防设计内容存在涉及严重影响消防设计安全或违反工程建设消防技术标准问题。

□ 本次审查未发现该工程施工图设计文件中的消防设计内容存在涉及严重影响消防设计安全及违反工程建设消防技术标准问题

审查人（签字）：××× 电话：×××××××× 审定人（签字）：××× 电话：××××××××

第 页 共 页

轨道交通工程消防设计审查意见书使用说明

本意见书中的“问题类别”的含义见下表。

内容	消防（X）			法规
条文性质	强条	非强条	深度	(4)
建筑 A	A1X	A2X	A3X	A4
给水排水 C	C1X	C2X	C3X	C4
暖、空 D	D1X	D2X	D3X	D4
动力 F	F1X	F2X	F3X	F4
电气 E	E1X	E2X	E3X	E4
结构 B	B1X	B2X	B3X	B4

评价要点

附录 H　审查机构对勘察设计单位、建设单位评价要点

H.1

审查机构对设计质量评价要点

1　为了全面、客观、准确反映房屋建筑工程施工图设计质量编制本要点。

2　设计质量评价的意义：为建设主管部门提供数据，供行业决策、奖惩使用，促进责任方提高质量。

3　设计质量评价要素：规范报件、执行规范、设计管理、设计深度、设计修改落实。

4　设计质量评价的实施人：审查机构的受理人和审查人。

5　项目评价标准：分为接件评价、初审评价、复审评价。

以下内容为评价建议，各地可根据实际情况进行调整。

5.1　接件评价：总分 25 分（最高得分 25、最低得分 10）；退件有设计单位责任的，每退件 1 次扣 5 分，退件 3 次及以上扣 15 分（最低得分 10）；接件一次通过或没有设计单位责任的，不扣分（最高得分 25）。

5.2　初审评价：总分 60 分（最高得分 60、最低得分 24）；各专业在完成审查后，出具审查意见告知书并进行初审评价，评分要求见表 M.1。

设计质量初审评分表　　表 M.1

序号	评价内容	分值	评分标准	项目得分
1	规范执行	25	无违反“强条”，少量法律、法规和审查要点的问题	优秀：22～25
			少量违反“强条”，少量法律、法规和审查要点的问题	良好：18～21
			少量违反“强条”，较多法律、法规和审查要点的问题	一般：14～17
			较多违反“强条”，较多法律、法规、审查要点的问题	较差：10～13
2	图纸表达	20	设计文件表达清晰，图纸比例适宜，专业间配合较好，计算书、说明与图纸一致，少量一般性条文的问题	优良：16～20
			设计文件表达较清晰、比例较适宜，专业间矛盾较少，计算书、说明与图纸基本一致，少量一般性条文的问题	一般：12～15
			设计文件表达混乱，错、漏、碰、缺或专业间矛盾较多，计算书、说明与图纸矛盾较多，较多一般性条文的问题	较差：8～11
3	设计技术	15	建筑功能、结构体系、机电系统、设备布置等基本合理，采用新技术、新工艺、新材料先进合理	优良：12～15
			主要建筑做法、地基基础及结构体系、机电布置或设备选型存在少量不节能、不经济、不合理等问题	一般：9～11
			主要建筑功能、地基基础及结构体系、机电系统、设备布置存在影响使用或安全隐患的各类问题	较差：6～8

5.3　复审评价：总分 15 分（最高得分 15、最低得分 6）；初审结果不需要复审的，复审分数自动按满分 15 分计；初审结果需要复审的，复审一次通过的，不扣分（最高得分 15）；复审不通过，每退回 1 次扣 3 分、退回 3 次及以上扣 9 分（最低得分 6）。

H.2

审查机构对岩土工程勘察设计质量评价要点

1 为了全面、客观、准确反映岩土工程勘察质量编制本要点。

2 勘察质量评价的意义：为建设主管部门提供数据，供行业决策、奖惩使用，促进责任方提高质量。

3 勘察质量评价要素：规范报件、执行规范、勘察管理、勘察深度、勘察修改落实。

4 设计质量评价的实施人：审查机构的受理人和审查人。

5 项目评价标准：分为接件评价、初审评价、复审评价。

以下内容为评价建议，各地可根据实际情况进行调整。

5.1 接件评价：总分 25 分（最高得分 25、最低得分 10）；退件有勘察单位责任的，每退件 1 次扣 5 分、退件 3 次及以上扣 15 分（最低得分 10）；接件一次通过或没有勘察单位责任的，不扣分（最高得分 25）。

5.2 初审评价：总分 60 分（最高得分 60、最低得分 24）；在完成审查后，出具审查意见告知书并进行初审评价，评分要求见表 M.4。

勘察质量初审评分表 表 M.4

序号	评价内容	分值	评分标准	项目得分
1	规范执行	50	无强制性条文问题，无严重安全隐患问题和不满足深度规定要求及技术管理要求的问题，有少量一般性条文问题	优秀：40～50
			无强制性条文问题，有少量严重安全隐患问题和不满足深度规定要求及技术管理要求的问题，有较多一般性条文问题	良好：30～40
			有少量强制性条文问题，有较多严重安全隐患问题和不满足深度规定要求及技术管理要求的问题，有较多一般性条文问题	一般：20～30
			有较多强制性条文问题，有较多严重安全隐患问题和不满足深度规定要求及技术管理要求的问题，有较多一般性条文问题	较差：10～20
2	勘察技术	10	勘察文件表达清晰、勘察情况说明清楚，图表清晰，数据无错误，项目审查整体评价优秀，文件编制深度合适、规范性良好、质量水平很好	优良：8～10
			勘察文件表达较清晰、勘察情况说明不全，图表一般，数据基本无错误，项目审查整体评价一般，文件编制深度勉强符合、规范性一般、质量水平一般	一般：4～7
			勘察文件表达混乱、错、漏、缺，勘察情况说明模糊，图表有错误，数据有错误，项目审查整体评价差，文件编制深度不符合要求、无规范性、质量水平差	较差：0～3

5.3 复审评价：总分 15 分（最高得分 15、最低得分 6）；初审结果不需要复审的，复审分数自动按满分 15 分计；初审结果需要复审的，复审一次通过的，不扣分（最高得分 15）；复审不通过，每退回 1 次扣 3 分、退回 3 次及以上扣 9 分（最低得分 6）。

H.3

审查机构对建设单位职责履行评价要点

1 为了全面、客观、准确反映建设单位对设计质量控制及施工图审查配合程度编制本要点。

2 评价的意义：为建设主管部门提供数据，供行业决策、奖惩使用，促进责任方提高质量。

3 评价要素：《施工图设计文件审查合同》签订与执行、施工图审查报审资料的真实性、施工图设计文件质量、审查意见的回复与修改。

4 评价的实施人：审查机构的受理人和审查人。

5 项目评价标准：分为合同执行评价、接件评价、初审评价、复审评价。

以下内容为评价建议，各地可根据实际情况进行调整。

5.1 合同执行评价：总分 50 分（最高得分 50、最低得分 10），出具审查意见告知书前，对项目合同执行情况进行评价。

5.2 接件评价：总分 15 分（最高得分 15、最低得分 0）；退件有建设单位责任的，每退件 1 次扣 5 分，退件 3 次及以上扣 15 分（最低得分 0）；接件一次通过或没有建设单位责任的，不扣分（最高得分 15）。

5.3 初审评价：总分 25 分（最高得分 25、最低得分 5）；各专业在完成初审后，出具审查意见告知书并进行初审评价，评分要求见表 M.5。

建设单位初审评分表　　表 M.5

序号	评价内容	分值	评分标准	项目得分
1	规范执行	25	无违反“强条”，少量法律、法规和审查要点的问题。设计文件表达清晰，图纸比例适宜，专业间配合较好，计算书、说明与图纸一致，少量一般性条文的问题	优秀：20～25
			少量违反“强条”，少量法律、法规和审查要点的问题。设计文件表达较清晰、比例较适宜，专业间矛盾较少，计算书、说明与图纸基本一致，少量一般性条文的问题	良好：15～20
			少量违反“强条”，较多法律、法规和审查要点的问题。设计文件表达混乱，错、漏、碰、缺或专业间矛盾较多，计算书、说明与图纸矛盾较多，较多一般性条文的问题	一般：10～15
			较多违反“强条”，较多法律、法规、审查要点的问题	较差：5～10

5.4 复审评价：总分 10 分（最高得分 10、最低得分 4）；初审结果不需要复审的，复审分数自动按满分 10 分计；初审结果需要复审的，复审一次通过的，不扣分（最高得分 10）；复审不通过，每退回 1 次扣 2 分、退回 3 次及以上扣 6 分（最低得分 4）。

设计变更相关告知书

附录I 《设计变更审查意见告知书》及《设计变更审查通过告知书》

I.1

第　页共　页

房屋建筑工程施工图设计变更审查意见告知书
（新建）

工 程 名 称：____

建 设 单 位：____

设 计 单 位：____

审查机构（盖章）：____

审查机构法定代表人或其授权的负责人（签字）：____________________

项　目　编　号：______________

流　　水　　号：______________

施 工 图 报 件 时 间：______________

施工图初审完成时间：______________

年　月　日

第　页共　页

房屋建筑工程施工图设计变更审查意见告知书

工程名称：　　　　　　　　项目编号：　　　　　　　　流水号：

序号	图号	××××专业审查意见	问题类别
共性问题			
单体 1			
单体 2			

××××专业审查结论：

□ 本次审查发现该工程本专业施工图设计文件存在涉及严重影响安全或违反工程建设标准强制性条文问题，或属特殊建设工程的违反工程建设消防技术标准问题，请按相关审查意见进行修改，并将修改后的施工图设计文件报送复审。

□ 本次审查未发现该工程本专业施工图设计文件存在涉及严重影响安全、违反工程建设标准强制性条文问题及属特殊建设工程的违反工程建设消防技术标准问题，请设计单位按本审查意见进行修改，并自行复核修改后的施工图设计文件

审查人（签字）：×××　电话：××××××××　审定人（签字）：×××　电话：××××××××

第　页共　页

房屋建筑工程施工图设计变更审查意见告知书使用说明

1. 本意见书中的“问题类别”的含义见下表。

内容	消防（X）			环保（H）			节能（N）			无障碍（W）			人防（F）			安防（P）			住宅功能（Z）			其他（T）			绿色建筑（L）		装配式（PC）			法规
条文性质	强条	非强条	深度	强条	非强条	深度	强条	非强条	深度	强条	非强条	深度	强条	非强条	深度	强条	非强条	深度	强条	非强条	深度	强条	非强条	深度	控制项	一般项	强条	非强条	深度	(4)
建筑A	A1X	A2X	A3X	A1H	A2H	A3H	A1N	A2N	A3N	A1W	A2W	A3W	A1F	A2F	A3F	A1P	A2P	A3P	A1Z	A2Z	A3Z	A1T	A2T	A3T	A1L	A2L	A1PC	A2PC	A3PC	A4
给水排水C	C1X	C2X	C3X	C1H	C2H	C3H	C1N	C2N	C3N	中水（A） C1A	C2A	C3A	C1F	C2F	C3F	—	—	—	C1Z	C2Z	C3Z	C1T	C2T	C3T	C1L	C2L	C1PC	C2PC	C3PC	C4
暖、空D	D1X	D2X	D3X	D1H	D2H	D3H	D1N	D2N	D3N	—	—	—	D1F	D2F	D3F	—	—	—	D1Z	D2Z	D3Z	D1T	D2T	D3T	D1L	D2L	D1PC	D2PC	D3PC	D4
动力F	F1X	F2X	F3X	F1H	F2H	F3H	F1N	F2N	F3N	—	—	—	F1F	F2F	F3F	—	—	—	F1Z	F2Z	F3Z	F1T	F2T	F3T	F1L	F2L	F1PC	F2PC	F3PC	F4
电气E	E1X	E2X	E4X	—	—	E4H	E1N	E2N	E4N	E1W	E2W	E3W	E1F	E2F	E3F	E1P	E2P	E3P	E1Z	E2Z	E3Z	E1T	E2T	E3T	E1L	E2L	E1PC	E2PC	E3PC	E4

内容	消防（X）			地基基础（J）			结构设计（S）			抗震设计（K）			鉴定加固（R）			人防（F）			严重影响安全（Y）	与安全有关（G）												
条文性质	强条	非强条	深度	强条	非强条	深度	强条	非强条	深度	强条	非强条	深度	强条	非强条	深度	强条	非强条	深度			B1Z	B2Z	B3Z	B1T	B2T	B3T	B1L	B2L	B1PC	B2PC	B3PC	B4
结构B	B1X	B2X	B3X	B1J	B2J	B3J	B1S	B2S	B3S	B1K	B2K	B3K	B1R	B2R	B3R	B1F	B2F	B3F	B2Y	B2G												

2. 需报复审的，设计单位应针对需复审的问题逐条进行回复、逐条修改图纸，修改后的图纸应与回复意见一致，并将经确认修改完善后的施工图设计文件按规定报送复审。

3. 审查机构将对报复审工程修改后的施工图设计文件进行复审，需再次报送复审的出具《房屋建筑工程施工图修改补充审查复审意见告知书》。

I.2

第　页　共　页

房屋建筑工程施工图设计变更审查复审意见告知书

（新建）

（第 × 次复审）

工 程 名 称：________________________

建 设 单 位：________________________

设 计 单 位：________________________

审查机构（盖章）：________________________

审查机构法定代表人或其授权的负责人（签字）：________________________

项　目　编　号：____________

流　　水　　号：____________

施工图复审报件时间：____________

施工图复审完成时间：____________

年　月　日

第 页 共 页

房屋建筑工程施工图设计变更审查复审意见告知书

工程名称：　　　　　　　　　　项目编号：

复审次数：第 × 次　　　　　　流 水 号：

×××× 专业复审结论：

□本次复审未发现该工程按意见书修改后的施工图设计文件存在涉及严重影响安全、违反工程建设标准强制性条文问题及属特殊建设工程的违反工程建设消防技术标准问题。

□本次复审发现该工程按意见书修改后的施工图设计文件仍存在涉及严重影响安全或违反工程建设标准强制性条文问题，或属特殊建设工程的违反工程建设消防技术标准问题，请按以下复审意见继续进行修改并逐条回复，并请将再次修改后的该工程施工图设计文件再次报送复审。

序号	图号	×××× 专业复审意见
共性问题		
单体 1		
单体 2		
审查人（签字）：××× 电话：××××××××		

日期：　　年　月　日

I.3

备案号：　　　　　　　　　　　　　　　　　　　　　　　　　　　　第　页　共　页

房屋建筑工程施工图设计变更审查通过告知书
（新建）

工程名称：________________________________

建设单位：________________________________

设计单位：________________________________

审查机构（盖章）：________________________________

审查机构法定代表人或其授权的负责人（签字）：________________________________

项目编号：________________

流水号：________________

施工图报件时间：________________

施工图初审完成时间：________________

施工图复审报件时间：________________

施工图审查完成时间：________________

年　月　日

备案号：　　　　　　　　　　　　　　　　　　　　　　　　　　第　页　共　页

房屋建筑工程施工图设计变更审查通过告知书

项目编号：　　　　　　　　　　　　　　　　流水号：

<table>
<tr><td>建设规模</td><td colspan="2">m²</td><td>工程证明
文件文号</td><td colspan="2"></td></tr>
<tr><td>建设地点</td><td colspan="5"></td></tr>
<tr><td colspan="6">建设单位项目负责人信息表</td></tr>
<tr><td>姓　名</td><td colspan="2"></td><td>身份证号</td><td colspan="2"></td></tr>
<tr><td>电　话</td><td colspan="2"></td><td>手 机 号</td><td colspan="2"></td></tr>
<tr><td>变更情况</td><td colspan="5"></td></tr>
<tr><td colspan="6">设计单位项目负责人信息表</td></tr>
<tr><td>姓　名</td><td colspan="2"></td><td>身份证号</td><td colspan="2"></td></tr>
<tr><td>电　话</td><td colspan="2"></td><td>手 机 号</td><td colspan="2"></td></tr>
<tr><td rowspan="2">注册证书</td><td>编号</td><td></td><td>类别</td><td colspan="2"></td></tr>
<tr><td>专业</td><td></td><td>期限</td><td colspan="2"></td></tr>
<tr><td>变更情况</td><td colspan="5"></td></tr>
<tr><td colspan="6">审查机构意见：
本次修改的内容如下：
1. 建设单位提供的文件和资料符合受理要求。
2. 经审查，未发现该工程施工图设计文件存在涉及严重影响安全、违反工程建设标准强制性条文问题及属特殊建设工程的违反工程建设消防技术标准问题。</td></tr>
<tr><td colspan="3">审查机构法定代表人
或其授权的负责人：</td><td colspan="3">审查机构全称：

（盖　章）</td></tr>
</table>

I.4

第　页　共　页

房屋建筑工程施工图设计变更审查意见告知书

（改造）

工 程 名 称：________________________________

建 设 单 位：________________________________

设 计 单 位：________________________________

检测鉴定单位：________________________________

审查机构（盖章）：________________________________

审查机构法定代表人或其授权的负责人（签字）：________________

项　目　编　号：________________

流　水　号：________________

施 工 图 报 件 时 间：________________

施工图初审完成时间：________________

年　月　日

第 页 共 页

房屋建筑工程施工图设计变更审查意见告知书
（改造）

工程名称：　　　　项目编号：　　　　流水号：

序号	图号	××××专业审查意见	问题类别
共性问题			
单体 1			
单体 2			

××××专业审查结论：

□ 本次审查发现该工程本专业施工图设计文件存在涉及严重影响安全或违反工程建设标准强制性条文问题，或属特殊建设工程的违反工程建设消防技术标准问题，请按相关审查意见进行修改，并将修改后的施工图设计文件报送复审。

□ 本次审查未发现该工程本专业施工图设计文件存在涉及严重影响安全、违反工程建设标准强制性条文问题及属特殊建设工程的违反工程建设消防技术标准问题，请设计单位按本审查意见进行修改，并自行复核修改后的施工图设计文件

审查人（签字）：××× 电话：×××××××× 审定人（签字）：××× 电话：××××××××

第 页 共 页

房屋建筑工程施工图设计变更审查意见告知书使用说明

1. 本意见书中的“问题类别”的含义见下表。

内容	消防（X）			环保（H）			节能（N）			无障碍（W）			人防（F）			安防（P）			住宅功能（Z）			其他（T）			绿色建筑（L）		装配式（PC）			法规
条文性质	强条	非强条	深度	强条	非强条	深度	强条	非强条	深度	强条	非强条	深度	强条	非强条	深度	强条	非强条	深度	强条	非强条	深度	强条	非强条	深度	控制项	一般项	强条	非强条	深度	(4)
建筑A	A1X	A2X	A3X	A1H	A2H	A3H	A1N	A2N	A3N	A1W	A2W	A3W	A1F	A2F	A3F	A1P	A2P	A3P	A1Z	A2Z	A3Z	A1T	A2T	A3T	A1L	A2L	A1PC	A2PC	A3PC	A4
给水排水C	C1X	C2X	C3X	C1H	C2H	C3H	C1N	C2N	C3N	中水（A） C1A	C2A	C3A	C1F	C2F	C3F	—	—	—	C1Z	C2Z	C3Z	C1T	C2T	C3T	C1L	C2L	C1PC	C2PC	C3PC	C4
暖、空D	D1X	D2X	D3X	D1H	D2H	D3H	D1N	D2N	D3N	—	—	—	D1F	D2F	D3F	—	—	—	D1Z	D2Z	D3Z	D1T	D2T	D3T	D1L	D2L	D1PC	D2PC	D3PC	D4
动力F	F1X	F2X	F3X	F1H	F2H	F3H	F1N	F2N	F3N	—	—	—	F1F	F2F	F3F	—	—	—	F1Z	F2Z	F3Z	F1T	F2T	F3T	F1L	F2L	F1PC	F2PC	F3PC	F4
电气E	E1X	E2X	E4X	—	—	E4H	E1N	E2N	E4N	E1W	E2W	E3W	E1F	E2F	E3F	E1P	E2P	E3P	E1Z	E2Z	E3Z	E1T	E2T	E3T	E1L	E2L	E1PC	E2PC	E3PC	E4

内容	消防（X）			地基基础（J）			结构设计（S）			抗震设计（K）			鉴定加固（R）			人防（F）			严重影响安全（Y）	与安全有关（G）											
条文性质	强条	非强条	深度	强条	非强条	深度	强条	非强条	深度	强条	非强条	深度	强条	非强条	深度	强条	非强条	深度													
结构B	B1X	B2X	B3X	B1J	B2J	B3J	B1S	B2S	B3S	B1K	B2K	B3K	B1R	B2R	B3R	B1F	B2F	B3F	B2Y	B2G	B1Z	B2Z	B3Z	B1T	B2T	B3T	B1L	B2L	B1PC	B2PC	B3PC	B4

2. 需报复审的，设计单位应针对需复审的问题逐条进行回复、逐条修改图纸，修改后的图纸应与回复意见一致，并将经确认修改完善后的施工图设计文件按规定报送复审。

3. 审查机构将对报复审工程修改后的施工图设计文件进行复审，需再次报送复审的出具《房屋建筑工程施工图修改补充审查复审意见告知书（改造）》。

I.5

第　页共　页

房屋建筑工程施工图设计变更审查复审意见告知书
（改造）
（第 × 次复审）

工 程 名 称：______________________

建 设 单 位：______________________

设 计 单 位：______________________

检测鉴定单位：______________________

审查机构（盖章）：______________________

审查机构法定代表人或其授权的负责人（签字）：______________________

项　目　编　号：____________

流　　水　　号：____________

施工图复审报件时间：____________

施工图复审完成时间：____________

年　月　日

第　页　共　页

房屋建筑工程施工图设计变更审查复审意见告知书
（改造）

工程名称：　　　　　　　　　　　　项目编号：

复审次数：第 × 次　　　　　　　　流 水 号：

××××专业复审结论：

□本次复审未发现该工程按意见书修改后的施工图设计文件存在涉及严重影响安全、违反工程建设标准强制性条文问题及属特殊建设工程的违反工程建设消防技术标准问题。

□本次复审发现该工程按意见书修改后的施工图设计文件仍存在涉及严重影响安全或违反工程建设标准强制性条文问题，或属特殊建设工程的违反工程建设消防技术标准问题，请按以下复审意见继续进行修改并逐条回复，并请将再次修改后的该工程施工图设计文件再次报送复审。

序号	图号	××××专业复审意见
共性问题		
单体 1		
单体 2		
审查人（签字）：××× 电话：××××××××		

日期：　年　月　日

I.6

备案号：　　　　　　　　　　　　　　　　　　　　　　　　　　第　页　共　页

房屋建筑工程施工图设计变更审查通过告知书
（改造）

工 程 名 称：______________________

建 设 单 位：______________________

设 计 单 位：______________________

检测鉴定单位：______________________

审查机构（盖章）：______________________

审查机构法定代表人或其授权的负责人（签字）：______________________

项　目　编　号：______________

流　　水　　号：______________

施 工 图 报 件 时 间：______________

施工图初审完成时间：______________

施工图复审报件时间：______________

施工图审查完成时间：______________

年　月　日

备案号：　　　　　　　　　　　　　　　　　　　　　　　　　　　　第　页　共　页

房屋建筑工程施工图设计变更审查通过告知书
（改造）

项目编号：　　　　　　　　　　　　　　　　　　流水号：

<table>
<tr><td>建设规模</td><td colspan="2">m²</td><td>工程证明
文件文号</td><td colspan="2"></td></tr>
<tr><td>建设地点</td><td colspan="5"></td></tr>
<tr><td colspan="6">建设单位项目负责人信息表</td></tr>
<tr><td>姓　名</td><td colspan="2"></td><td>身份证号</td><td colspan="2"></td></tr>
<tr><td>电　话</td><td colspan="2"></td><td>手 机 号</td><td colspan="2"></td></tr>
<tr><td>变更情况</td><td colspan="5"></td></tr>
<tr><td colspan="6">设计单位项目负责人信息表</td></tr>
<tr><td>姓　名</td><td colspan="2"></td><td>身份证号</td><td colspan="2"></td></tr>
<tr><td>电　话</td><td colspan="2"></td><td>手 机 号</td><td colspan="2"></td></tr>
<tr><td rowspan="2">注册证书</td><td>编号</td><td colspan="2"></td><td>类别</td><td></td></tr>
<tr><td>专业</td><td colspan="2"></td><td>期限</td><td></td></tr>
<tr><td>变更情况</td><td colspan="5"></td></tr>
<tr><td colspan="6">审查机构意见：
本次修改的内容如下：
1. 建设单位提供的文件和资料符合受理要求。
2. 经审查，未发现该工程施工图设计文件存在涉及严重影响安全、违反工程建设标准强制性条文问题及属特殊建设工程的违反工程建设消防技术标准问题。</td></tr>
<tr><td colspan="3">审查机构法定代表人
或其授权的负责人：</td><td colspan="3">审查机构全称：

（盖　章）</td></tr>
</table>

I.7

第　页 共　页

市政工程施工图设计变更审查意见告知书

工 程 名 称：________________

建 设 单 位：________________

设 计 单 位：________________

审查机构（盖章）：________________

审查机构法定代表人或其授权的负责人（签字）：________________

项　目　编　号：________________

流　　水　　号：________________

施 工 图 报 件 时 间：________________

施工图初审完成时间：________________

年　月　日

第 页 共 页

市政工程施工图设计变更审查意见告知书

工程名称：　　　　　　　　项目编号：　　　　　　　　流水号：

序号	图号	×××× 专业审查意见	问题类别

×××× 专业审查结论：

□ 本次审查发现该工程本专业施工图设计文件存在涉及严重影响安全或违反工程建设标准强制性条文问题，或属特殊建设工程的违反工程建设消防技术标准问题，请按相关审查意见进行修改，并将修改后的施工图设计文件报送复审。

□ 本次审查未发现该工程本专业施工图设计文件存在涉及严重影响安全、违反工程建设标准强制性条文问题及属特殊建设工程的违反工程建设消防技术标准问题，请设计单位按本审查意见进行修改，并自行复核修改后的施工图设计文件

审查人（签字）：××× 电话：×××××××× 审定人（签字）：××× 电话：××××××××

第 页 共 页

市政工程施工图审查意见告知书使用说明

条文性质	问题类别									
	A	B	C	D	E	F	G	H	I	J
	地基基础与结构安全	道路交通	工艺设备	厂站电气	消防	环保绿建	节能	无障碍	其他（包括功能性等方面）	人防
强条	A1	B1	C1	D1	E1	F1	G1	H1	I1	J1
非强条	A2	B2	C2	D2	E2	F2	G2	H2	I2	J2
深度	A3	B3	C3	D3	E3	F3	G3	H3	I3	J3
法规	A4	B4	C4	D4	E4	F4	G4	H4	I4	J4

注：1 问题类别由英文字母 + 阿拉伯数字组成，如“C2”即为工艺设备类违反工程建设标准一般性条文问题。

2 需报复审的，设计单位应针对需复审的问题逐条进行回复、逐条修改图纸，修改后的图纸应与回复意见一致，并将经确认修改完善后的施工图设计文件按规定报送复审。

3 审查机构将对报复审工程修改后的施工图设计文件进行复审，并出具《复审意见告知书》。

I.8

第 页 共 页

市政工程施工图设计变更审查复审意见告知书

（第 × 次复审）

工 程 名 称：________________

建 设 单 位：________________

设 计 单 位：________________

审查机构（盖章）：________________

审查机构法定代表人或其授权的负责人（签字）：________________

项 目 编 号：________________

流 水 号：________________

施工图复审报件时间：________________

施工图复审完成时间：________________

年 月 日

第 页 共 页

市政工程施工图设计变更审查复审意见告知书

工程名称：　　　　　　　　　　　项目编号：

复审次数：第 × 次　　　　　　　　流 水 号：

××××专业复审结论：

□本次复审未发现该工程按意见书修改后的施工图设计文件存在涉及严重影响安全、违反工程建设标准强制性条文问题及属特殊建设工程的违反工程建设消防技术标准问题。

□本次复审发现该工程按意见书修改后的施工图设计文件仍存在涉及严重影响安全或违反工程建设标准强制性条文问题，或属特殊建设工程的违反工程建设消防技术标准问题，请按以下复审意见继续进行修改并逐条回复，并请将再次修改后的该工程施工图设计文件再次报送复审。

序号	××××专业复审意见
审查人（签字）：×××　　电话：××××××××	

日期：　年　月　日

I.9

备案号：　　　　　　　　　　　　　　　　　　　　　　　　　　　　　　第　页　共　页

市政工程施工图设计变更审查通过告知书

工 程 名 称：________________________________

建 设 单 位：________________________________

设 计 单 位：________________________________

审查机构（盖章）：________________________________

审查机构法定代表人或其授权的负责人（签字）：________________________________

项　目　编　号：____________

流　　水　　号：____________

施 工 图 报 件 时 间：____________

施工图初审完成时间：____________

施工图复审报件时间：____________

施工图审查完成时间：____________

年　月　日

备案号：　　　　　　　　　　　　　　　　　　　　　　　　　　　　　　　第　页　共　页

市政工程施工图设计变更审查通过告知书

项目编号：　　　　　　　　　　　　　　　　　　流水号：

建设工程规划许可证文号			建设地点		
工程规模					
建设单位项目负责人信息表					
姓　名			身份证号		
电　话			手机号		
变更情况	未变更				
设计单位项目负责人信息表					
姓　名			身份证号		
电　话			手机号		
注册证书	编号		类别		
	专业		期限		
变更情况	未变更				

审查机构意见：

本次修改的内容如下：

1. 建设单位提供的文件和资料符合受理要求。

2. 经审查，未发现该工程施工图设计文件存在涉及严重影响安全、违反工程建设标准强制性条文问题及属特殊建设工程的违反工程建设消防技术标准问题。

审查机构法定代表人或其授权的负责人：	**审查机构全称：** （盖　章）

I.10

第　页　共　页

轨道交通工程施工图设计变更审查意见告知书

工 程 名 称：____

图 册 名 称：____

建 设 单 位：____

设 计 单 位：____

审查机构（盖章）：____

审查机构法定代表人或其授权的负责人（签字）：____________________

项　目　编　号：____________________

流　　水　　号：____________________

施 工 图 报 件 时 间：____________________

施工图初审完成时间：____________________

年　月　日

第　页共　页

轨道交通工程施工图设计变更审查意见告知书

工程名称：　　　　图册名称：　　　　项目编号：　　　　流水号：

序号	图号	××××专业审查意见	问题类别

××××专业审查结论：

□本次审查发现该工程本专业施工图设计文件存在涉及严重影响安全或违反工程建设标准强制性条文问题，或属特殊建设工程的违反工程建设消防技术标准问题，请按相关审查意见进行修改，并将修改后的施工图设计文件报送复审。

□本次审查未发现该工程本专业施工图设计文件存在涉及严重影响安全、违反工程建设标准强制性条文问题及属特殊建设工程的违反工程建设消防技术标准问题，请设计单位按本审查意见进行修改，并自行复核修改后的施工图设计文件

审查人（签字）：××× 电话：×××××××× 审定人（签字）：××× 电话：××××××××

第　页　共　页

轨道交通工程施工图审查意见告知书使用说明

1. 本意见书中的“问题类别”的含义见下表。

条文性质	问题类别																								
	JZ	JG	GX	DZ	NT	XJ	XL	GD	LJ	DL	QL	QD	TX	XH	AFC	FAS	ISCS	BAS	OA	PIS	ACS	FT	ZT	GY	ZC
	建筑	结构	给水排水与消防	动力照明	暖通空调	限界	线路	轨道	路基	道路	桥梁	供电	通信	信号	自动售检票	火灾自动报警系统	综合监控系统	环境与设备监控系统	办公自动化	乘客信息系统	门禁	站内客运设备	站台门	车辆基地工艺	车辆基地站场线路
强条	JZ1	JG1	GX1	DZ1	NT1	XJ1	XL1	GD1	LJ1	DL1	QL1	GD1	TX1	XH1	AFC1	FAS1	ISCS1	BAS1	OA1	PIS1	ACS1	FT1	ZT1	GY1	ZC1
非强条	JZ2	JG2	GX2	DZ2	NT2	XJ2	XL2	GD2	LJ2	DL2	QL2	GD2	TX2	XH2	AFC2	FAS2	ISCS2	BAS2	OA2	PIS2	ACS2	FT2	ZT2	GY2	ZC2
深度	JZ3	JG3	GX3	DZ3	NT3	XJ3	XL3	GD3	LJ3	DL3	QL3	GD3	TX3	XH3	AFC3	FAS3	ISCS3	BAS3	OA3	PIS3	ACS3	FT3	ZT3	GY3	ZC3
法规	JZ4	JG4	GX4	DZ4	NT4	XJ4	XL4	GD4	LJ4	DL4	QL4	GD4	TX4	XH4	AFC4	FAS4	ISCS4	BAS4	OA4	PIS4	ACS4	FT4	ZT4	GY4	ZC4
消防 A 类	JZ5	JG5	GX5	DZ5	NT5	—	—	—	—	—	—	—	—	—	—	FAS5	ISCS5	BAS5	—	—	ACS5	FT5	ZT5	—	—
消防 B 类	JZ6	JG6	GX6	DZ6	NT6	—	—	—	—	—	—	—	—	—	—	FAS6	ISCS6	BAS6	—	—	ACS6	FT6	ZT6	—	—
消防 C 类	JZ7	JG7	GX7	DZ7	NT7	—	—	—	—	—	—	—	—	—	—	FAS7	ISCS7	BAS7	—	—	ACS7	FT7	ZT7	—	—

注：1　施工图设计文件审查的“条文性质”分别是：强条、非强条、深度、法规。

强条：违反设计规范中以黑体字表示的条文；

非强条：违反设计规范中强条以外的条文；

深度：设计深度。文件表达不清楚、缺三审签字、缺专业会签、缺总体和系统签字、缺设计依据（如详勘报告、计算书、初步设计审查意见等）。

2　消防设计文件审查的“问题类别”分为 A、B、C 三类。

A 类为国家工程建设消防技术标准强制性条文规定的内容；

B 类为国家工程建设消防技术标准中带有“严禁”“必须”“应”“不应”“不得”要求的非强制性条文规定的内容；

C 类为国家工程建设消防技术标准中其他非强制性条文规定的内容。

2. 需报复审的，设计单位应针对需复审的问题逐条进行回复、逐条修改图纸，修改后的图纸应与回复意见一致，并将经确认修改完善后的施工图设计文件按规定报送复审。

3. 审查机构将对报复审工程修改后的施工图设计文件进行复审，并出具《轨道交通工程施工图审查复审意见告知书》。

I.11

第　页共　页

轨道交通工程施工图设计变更审查复审意见告知书

（第 × 次复审）

工程名称：________________

图册名称：________________

建设单位：________________

设计单位：________________

审查机构（盖章）：________________

审查机构法定代表人或其授权的负责人（签字）：________________

项目编号：________________

流水号：________________

施工图复审报件时间：________________

施工图复审完成时间：________________

年　月　日

第　页　共　页

轨道交通工程施工图设计变更审查复审意见告知书

工程名称：　　　　项目编号：　　　　图册名称：

复审次数：第 × 次　　　　流 水 号：

×××× 专业复审结论：

□本次复审未发现该工程按意见书修改后的施工图设计文件存在涉及严重影响安全、违反工程建设标准强制性条文问题及属特殊建设工程的违反工程建设消防技术标准问题。

□本次复审发现该工程按意见书修改后的施工图设计文件仍存在涉及严重影响安全或违反工程建设标准强制性条文问题，或属特殊建设工程的违反工程建设消防技术标准问题，请按以下复审意见继续进行修改并逐条回复，并请将再次修改后的该工程施工图设计文件再次报送复审。

序号	图号	×××× 专业复审意见
审查人（签字）：××× 　　电话：××××××××		

日期：　年　月　日

I.12

备案号：　　　　　　　　　　　　　　　　　　　　　　　　　　　　第　页　共　页

轨道交通工程施工图设计变更审查通过告知书

工程名称：________________

图册名称：________________

建设单位：________________

设计单位：________________

审查机构（盖章）：________________

审查机构法定代表人或其授权的负责人（签字）：________________

项目编号：________________

流水号：________________

施工图报件时间：________________

施工图初审完成时间：________________

施工图复审报件时间：________________

施工图审查完成时间：________________

年　月　日

备案号：　　　　　　　　　　　　　　　　　　　　　　　　第　页　共　页

轨道交通工程施工图设计变更审查通过告知书

项目编号：　　　　　　　　　　　　　　　　流水号：

<table>
<tr><td>建设规模</td><td></td><td>规划方案批复
文件文号</td><td colspan="3"></td></tr>
<tr><td>建设地点</td><td colspan="5"></td></tr>
<tr><td colspan="6">建设单位项目负责人信息表</td></tr>
<tr><td>姓　名</td><td></td><td>身份证号</td><td colspan="3"></td></tr>
<tr><td>电　话</td><td></td><td>手机号</td><td colspan="3"></td></tr>
<tr><td>变更情况</td><td colspan="5"></td></tr>
<tr><td colspan="6">设计单位项目负责人信息表</td></tr>
<tr><td>姓　名</td><td></td><td>身份证号</td><td colspan="3"></td></tr>
<tr><td>电　话</td><td></td><td>手机号</td><td colspan="3"></td></tr>
<tr><td rowspan="2">注册证书</td><td>编号</td><td></td><td>类别</td><td colspan="2"></td></tr>
<tr><td>专业</td><td></td><td>期限</td><td colspan="2"></td></tr>
<tr><td>变更情况</td><td colspan="5"></td></tr>
<tr><td colspan="6">审查机构意见：
工程概况：
本次修改内容如下：
1. 建设单位提供的文件和资料符合受理要求。
2. 经审查，未发现该工程施工图设计文件存在涉及严重影响安全、违反工程建设标准强制性条文问题及属特殊建设工程的违反工程建设消防技术标准问题。</td></tr>
<tr><td colspan="3">审查机构法定代表人
或其授权的负责人：</td><td colspan="3">审查机构全称：

（盖　章）</td></tr>
</table>

I.13

第　页　共　页

岩土工程勘察设计文件设计变更审查意见告知书

工 程 名 称：______________________________

建 设 单 位：______________________________

勘察设计单位：______________________________

审查机构（盖章）：______________________________

审查机构法定代表人或其授权的负责人（签字）：______________________________

项　　目　　编　　号：______________

流　　　水　　　号：______________

勘 察 设 计 报 件 时 间：______________

勘察设计初审完成时间：______________

年　月　日

第　页　共　页

岩土工程勘察设计文件设计变更审查意见告知书

工程名称：　　　　项目编号：　　　　流水号：

序号	审查意见	问题类别
勘察设计专业审查结论： □ 本次审查发现该工程勘察设计文件存在涉及严重影响安全或违反工程建设标准强制性条文问题，请按相关审查意见进行修改，并将修改后的施工图修改文件报送复审。 □ 本次审查未发现该工程勘察设计文件存在涉及严重影响安全及违反工程建设标准强制性条文问题，请勘察设计单位按本审查意见进行修改，并自行复核修改后的施工图修改文件。		
审查人（签字）：××× 电话：×××××××× 审定人（签字）：××× 电话：××××××××		

本意见书中的“问题类别”的含义如下：A 违反强制性条文，简称“强条”；B 违反规范一般性条文，简称“非强条”；C 存在严重安全隐患，简称“安全隐患”；D 不满足深度规定要求及技术管理要求等。

I.14

第　页　共　页

岩土工程勘察设计文件设计变更审查复审意见告知书

（第 × 次复审）

工 程 名 称：________________

建 设 单 位：________________

勘察设计单位：________________

审查机构（盖章）：________________

审查机构法定代表人或其授权的负责人（签字）：________________

项　目　编　号：________________

流　　水　　号：________________

勘察设计复审报件时间：________________

勘察设计复审完成时间：________________

年　月　日

第 页 共 页

岩土工程勘察设计文件设计变更审查复审意见告知书

工程名称：　　　　　　　　　　　　　项目编号：

复审次数：第 × 次　　　　　　　　　流 水 号：

勘察设计专业复审结论：

□ 本次复审未发现该工程按意见书修改后的勘察设计文件存在涉及严重影响安全及违反工程建设标准强制性条文问题。

□ 本次复审发现该工程按意见书修改后的勘察设计文件仍存在涉及严重影响安全或违反工程建设标准强制性条文问题，请按以下复审意见继续进行修改并逐条回复，并请将再次修改后的该工程勘察设计文件再次报送复审。

序号	复审意见
审查人（签字）：××× 电话：××××××××	

日期：　　年　月　日

I.15

备案号： 第 页 共 页

岩土工程勘察设计文件设计变更审查通过告知书

工程名称：______________________

建设单位：______________________

勘察设计单位：______________________

审查机构（盖章）：______________________

审查机构法定代表人或其授权的负责人（签字）：______________________

项目编号：______________________

流水号：______________________

勘察设计报件时间：______________________

勘察设计初审完成时间：______________________

勘察设计复审报件时间：______________________

勘察设计审查完成时间：______________________

年 月 日

备案号：　　　　　　　　　　　　　　　　　　　　　　　　　　　　　第　页　共　页

岩土工程勘察设计文件设计变更审查通过告知书

项目编号：　　　　　　　　　　　　　　　　　　　流水号：

<table>
<tr><td>钻探总进尺</td><td colspan="2">m</td><td>建设工程
规划文件文号</td><td colspan="2"></td></tr>
<tr><td>建设地点</td><td colspan="5"></td></tr>
<tr><td colspan="6">建设单位项目负责人信息表</td></tr>
<tr><td>姓　名</td><td colspan="2"></td><td>身份证号</td><td colspan="2"></td></tr>
<tr><td>电　话</td><td colspan="2"></td><td>手 机 号</td><td colspan="2"></td></tr>
<tr><td>变更情况</td><td colspan="5"></td></tr>
<tr><td colspan="6">勘察设计单位项目负责人信息表</td></tr>
<tr><td>姓　名</td><td colspan="2"></td><td>身份证号</td><td colspan="2"></td></tr>
<tr><td>电　话</td><td colspan="2"></td><td>手 机 号</td><td colspan="2"></td></tr>
<tr><td rowspan="2">注册证书</td><td>编号</td><td></td><td>类别</td><td colspan="2"></td></tr>
<tr><td>专业</td><td></td><td>期限</td><td colspan="2"></td></tr>
<tr><td>变更情况</td><td colspan="5"></td></tr>
<tr><td colspan="6">审查机构意见：
本次修改的内容如下：
1. 建设单位提供的文件和资料符合受理要求。
2. 经审查，未发现该工程勘察设计文件存在涉及严重影响安全及违反工程建设标准强制性条文问题。</td></tr>
<tr><td colspan="3">审查机构法定代表人
或其授权的负责人：</td><td colspan="3">审查机构全称：

（盖　章）</td></tr>
</table>

数字化图审系统

附录 J　数字化图审系统

J.1

数字化图审系统建设指引

1　总则

1.1　为规范施工图数字化图审系统建设、运行，统一全国图纸监管平台，提升施工图审查效率，把牢工程建设勘察设计质量底线，根据施工图审查相关规范、管理办法，结合全国工作实际，编制数字化图审系统建设指引（以下简称“本建设指引”）。

1.2　本建设指引编制的依据为与施工图审查工作相关的政策法规、管理办法及本建设指引约定的相关工作规范。

1.3　本建设指引编制的数字化、信息化标准规范依据：

《计算机软件可靠性和可维护性管理》GB/T 14394—2008

《全国建筑市场监管公共服务平台工程项目信息数据标准》

《房屋建筑和市政基础设施工程勘察质量信息化监管平台数据标准（试行）》

《全国房屋建筑和市政基础设施工程施工图设计文件审查信息系统数据标准（试行）》

《工程建设项目审批管理系统数据共享交换标准 3.0》

其他与施工图审查和信息化系统建设相关的数字化、信息化标准规范等。

1.4　本建设指引主要包括施工图审查数字化建设的基本规定、系统架构、系统流程功能、系统对接、数据汇聚共享、运行环境、安全管理、性能和运行维护等方面的建设要求。

1.5　本建设指引适用于全国省市县等数字化图审系统建设管理，各地数字化图审系统的建设单位可参照执行。

1.6　各地数字化图审系统建设除参照本建设指引外，尚应符合国家、行业及所在省市区县现行相关标准和管理办法。

2　基本规定

2.1　系统应做到整合数据资源，促进相关方信息共享交互，实现施工图审查业务高效协同，提升审查效率和营商便捷性，充分发挥施工图审查制度作用，保障工程建设项目勘察设计质量安全。

2.2　系统建设应以“简化申报服务、提升审查效率、转变监管模式”为原则，建设涵盖建设单位、勘察设计单位、审查机构、监管部门四方在线协同、全程数字化的统一平台，提升审查效率和营商便捷性，充分发挥施工图审查制度作用，保障工程建设项目勘察设计质量安全。

2.3　系统建设应围绕营商优化、审批改革、监管效能提升、新质生产力，使数字化图审系统成为勘察设计质量治理的核心支撑。

2.4　系统建设应根据实际需求和业务现状，整体规划的同时突出重点、分步实施，确保数字化图审系统建设有序推进。

2.5　系统应对接工程建设项目审批系统、四库一平台、政务系统等相关业务系统，建设互联互通，数据共享机制，构建上下联动、纵横协同的工作平台，支撑新型监管能力建设。

2.6　系统流程应符合本指南规定的施工图设计文件审查工作流程。

2.7　系统建设功能应覆盖数字化图审系统建设功能清单（详见本指南附录 J.2）。

2.8　勘察设计文件数字化交付应符合施工图设计文件数字化交付规范（详见本指南附录 J.3）。

2.9　电子文件电子签名和电子签章应符合施工图设计文件电子签章规范（详见本指南附录 J.4）。

2.10　系统建设应符合可拓展、易维护、简洁易用、稳定可靠、开放兼容、技术先进、国产自主、安全可控、信创适配等技术原则。

3　系统架构

3.1　应遵循面向服务的架构（SOA）设计原则，系统之间采用服务的形式进行互联互通，相互松散耦合。以分层设计实现“数据、管理、服务、应用相对分离”的架构原则，以基础设施层为基础，建设包含“基础层、数据层、支撑层、服务层和应用层”多层次的可持续发展的整体应用架构。

4　系统功能要求

4.1　基础功能

应满足房屋建筑和市政基础设施工程施工图设计文件审查业务的全参与方、全要素、全过程的线上化和数字化，实现 100% 的全流程、全留痕、无纸化、不见面的业务替代，详见指南各环节数字化图审系统建设功能章节描述。

4.2　支撑建设

4.2.1　系统管理：主要包括系统登录、用户及权限管理、基础数据维护、数据接口管理等功能，为整个系统提供后台服务和数据支撑。

4.2.2　电子签章：系统需集成电子签章能力，通过电子签章保障数字化图纸文件的防篡改、产权保护、责任认定。在电子签章技术方案上应采用符合电子签名法的硬签（硬件 UKey 存储数字证书）方案。范围包括：验证勘察设计单位上传到系统的施工图纸电子签章的有效性；所有审查机构出具的审查意见书、审查通过书需要加盖审查机构的电子印章；审查通过的施工图纸需要加盖审查机构的电子印章。

4.3　系统创新应用建设建议

4.3.1　智能审查

1　数字化图审系统建设所采用的底层框架、数据标准、矢量化图纸技术应满足数字化设计发展要求，并优先采用国产自主可控技术。

2　智能审查探索方向应充分调研实际技术、业务、市场现状等，选择图纸智能审查、BIM 智能审查、图模相符性智能审查等符合当地情况的方向进行探索。

3　数字化图审系统对智能审查能力支持，可选择自行拓展建设或外部多种智能审查能力接入不同方式。

4　数字化图审系统智能审查创新应用流程和功能应包括：

1）智能审查发起（工程设计信息、设计图纸或模型数据、规则数据传入）。

2）智能审查任务调度执行。

3）智能审查结果下载及可视化展示（结果报告、智能审查结果图模可视化定位展示）。

4）人工交互复核。

4.3.2　数据创新应用

1　系统应建设基于底层数据标准的施工图审查图纸数据资源仓库。

2　在数据仓库基础上应建设开发应用访问接口，进一步挖掘施工图图纸模型信息数据价值，支撑实现如规范规则库、审查要点、常见问题、质量问题推送，异常项目预警等监管智能化创新应用，打造施工图质量监管新质生产力，让监管有“数”可依，决策有“据”可循，把牢工程建设项目质量底线，维护公共安全和利益。

5　系统对接和数据汇聚共享要求

5.1　据汇聚共享

系统数据汇聚和共享交互应编制相关数据资源目标、共享交互标准和数据更新办法，并满足国家、行业、地区的现行相关标准的要求，保障施工图数字化资源有序汇聚、开放和共享。

5.2　系统互通对接

5.2.1　接口规范

系统可提供多种集成形式，如 Web 页面集成、Web API 调用和 Java Script API 调用等应用对接方式，以满足不同类型的系统操作集成需求；并建立集成对接及数据接口管理规范等，以指导系统与其他系统进行集成对接，并保障系统安全。

5.2.2　接口覆盖

系统接口功能应可覆盖对外提供施工图审查过程、时效、申报项目、单体、施工图设计文件、审查意见、审查结果等各类信息的能力，实现与对接工程建设项目审批系统、四库一平台、政务系统、各层级及业务上下游业务系统的流程整合、界面集成展示、数据交互等，构建上下联动、纵横协同的联合监管平台，支撑施工图设计文件在上下游全过程流转、共享与应用，包括竣工备案（图纸全过程管理）、规划审批、施工质量监督、验收等工程建设项目全流程业务环节。并支撑与市、省、部级、国家级相关施工图监管管理平台的互通、数据信息共享与应用，支撑全国图纸全过程一网统管业务的实现。

6　基础环境和安全要求

6.1　基础环境

系统运行环境应优先采用政务云部署，架构和技术设计对信创云环境应兼容适配，适配改造后可在信创云环境中部署运行，包括对国产化的云主机、CPU、操作系统、数据库、中间件的兼容适配。

6.2　安全要求

对于数据库关键数据，如用户密码，采用特殊密码组合规则组合后，采用 SM2 算法加密，加密后密码不可逆，充分体现数据安全性；本系统和其他系统的数据对接的相关 API 接口需要使用鉴权技术，对接入链接进行身份核实和校验，才允许其他业务系统调取数据；应用系统设计中，既考虑信息资源的充分共享，又要注意信息的保护和隔离，系统应分别针对不同的应用和不同的用户，采取不同的措施，授予不同的权限；平台要求记录操作日志，至少存储 3 年的日志数据，便于追溯对业务功能数据人为或系统处理问题；除此之外还应满足国家、行业、地区网络安全、应用安全和数据安全的现行规范标准的相关要求。

7　平台性能要求

7.1　响应时间

7.1.1　在政务云外网环境下进行增、删、改业务（不含大对象数据类型）时，根据操作的复杂程度不同，其响应时间范围应保障在 1 秒到 3 秒。

7.1.2　在正常的互联网环境下查询操作时，根据操作的复杂程度不同，其响应时间范围应保障在 3 秒到 5 秒。

7.1.3　对于模型文件，根据模型复杂程度不同，其加载时间应保障在 10 秒到 30 秒，模型复杂程度根据模型图元体量而定。

7.2　稳定性

系统为线下业务替代系统，系统需全年稳定连续运行，故障时间不超过千分之一，业务连续停止时间不超过 3 小时。一个月内不得重启服务器，可不间断访问系统，系统的运行效率应保持不变。

7.3　可用性

平台连接的系统、外部平台众多，数据交换频繁。需要保证一定的高可用性。其可用性应大于 99.7%。

8　系统运行维护

8.0.1　系统建设后应明确具体的运行维护机构，并制定和完善相应的管理制度，以落实运行维护费用，保障业务系统的可靠、高效、持续、安全运行。

J.2

数字化图审系统建设功能清单

序号	分类	系统名称	功能模块	
1	基础功能	系统服务门户	业务办理窗口	业务入口
2				登录认证
3				审查进度查询
4				通知与公告
5				信息公开
6				帮助服务
7			信息公告管理	信息发布管理
8				通知公告维护
9				帮助服务维护
10		数字化报审	施工图审查报审	申报信息维护
11				申报要件上报
12				单体工程信息维护
13				人防防护单元信息维护
14				勘察及地基处理信息维护
15				设计单位和专业负责人信息维护
16				各设计单位设计人员名录维护
17				勘察设计单位授权认证
18				资料目录管理
19				勘察报告及其他大文件上传
20				计算书及其他资料上传
21				施工图纸批量上传和信息提取
22				施工图设计文件在线轻量化浏览
23				审查机构确定
24				申报确认提交
25			报审资料补正（报审 & 复审报审）	退件信息查看
26				报审资料补正
27				补正确认提交
28			审查意见查收（初审 & 复审）	施工图审查意见接受
29				施工图审查意见告知书查看下载
30			争议申诉申请	审查意见异议申诉申请

续表

序号	分类	系统名称	功能模块	
31	基础功能	数字化报审	复审报审	施工图审查意见查看
32				施工图审查意见问题在线轻量化浏览
33				施工图审查意见在线答复
34				施工图设计文件更新上传
35				复审报审确认提交
36			审查成果查收	施工图审查通过告知书查看下载
37				消防设计审查意见书（特殊建设工程）查看下载
38				签章图纸查看下载
39			审查服务评价	审查服务评价反馈
40			审查费用	审查合同备案
41				审查费用核定
42			设计变更申报	设计变更报审
43				一般设计变更备案申报
44			审查过程跟踪	审查进展查看
45				进展通知
46				消息提醒
47				历史信息查看
48		数字化审查	审查系统框架	系统导航
49				消息通知
50				待办任务提醒
51				我的任务
52				审查任务管理
53				账号登录认证
54				个人信息
55			施工图审查全过程业务办理	任务授权
56				施工图设计文件受理审查
57				程序性审查
58				接件受理
59				退件受理
60				历史退件信息查看
61				工期安排和任务分配
62				施工图设计文件初审（审查、审定、意见汇总）

续表

序号	分类	系统名称	功能模块	
63	基础功能	数字化审查	施工图审查全过程业务办理	报审项目技术信息复核
64				施工图审查意见管理
65				施工图审查意见复核
66				施工图审查意见书告知书生成
67				审查意见书确认签章
68				审查意见书发送
69				复审接件
70				复审退件
71				施工图设计文件复审
72				复审意见管理
73				复审意见告知书生成
74				复审意见告知书确认签章
75				复审意见告知书发送
76				施工图审查通过告知书生成
77				施工图审查通过告知书确认签章
78				消防设计审查意见告知书确认签章（特殊建设工程）
79				施工图审查提报审核确认 & 备案
80				图纸签章管理
81				施工图审查通过告知书发送
82				签章图纸发送
83				设计质量评价
84			技术审查（PDF格式图纸或其他技术文件）	轻量化在线审图 （包括图纸在线轻量化展示、放大缩小、批注、测量、批注问题定位、图纸变更比对等辅助审查能力）
85				意见录入
86				常用意见及特殊符号支持
87				图纸批注
88				审查意见管理
89				意见导入导出
90				常用意见引用
91				近期意见引用
92			审查费用管理	审查合同备案
93				审查费用管理

续表

序号	分类	系统名称	功能模块	
94	基础功能	数字化审查	数据统计分析	日常统计分析
95				审查进展统计
96				任务进展统计
97				设计单位强条统计
98				专业强条情况统计
99				人员工作量统计
100			系统管理	部门管理
101				人员管理
102				角色管理
103				常用意见管理
104		数字化监管	监管系统框架	导航框架
105				系统消息通知
106				待办任务提醒
107			审查全过程监管	项目检索与跟踪
108				报审信息查看
109				审查过程跟踪
110				审查结果监管
111				审查时效监控
112			施工图审查备案审核	施工图审查备案审核
113			消防设计审查审批	消防设计审查审批
114				消防设计审查意见书生成
115				消防设计审查意见书确认签章
116				消防设计审查意见书发送
117			机构资质与市场管理与监督	审查机构管理
118				资质信息维护
119				同体关系维护
120				审查人员管理
121				机构遴选规则管理
122				机选程序
123				审查机构市场任务监督
124				审查机构服务评价管理
125				意见申诉处理
126				市场主体监管

续表

序号	分类	系统名称	功能模块	
127	基础功能	数字化监管	“双随机、一公开”质量抽查	项目库
128				专家库
129				随机抽取项目
130				任务分派
131				在线抽查
132				抽查意见出具
133				抽查结果公开
134			数据统计分析	总体申报情况分析
135				审查进展统计
136				审查时效分析
137				审查项目汇总分析
138				审查项目分类分析
139				审查项目分区分析
140				项目设计质量分析
141				勘察设计单位质量分析
142				勘察设计项目负责人质量分析
143				审查质量分析
144				审查人员工作量分析
145				常见审查问题分析
146				市场情况统计
147				服务评价数据分析
148	系统对接	本层级相关系统	工程建设项目审批相关	工程建设项目审批系统
149				四库一平台
150				投资项目在线监管平台
151			图纸全过程应用相关	规划监督管理系统
152				消防审验系统
153				施工过程监管系统
154				竣工验收备案系统
155				城建档案归档系统
156			数据汇聚	数据共享汇聚
157		市省部国家级系统	施工图监管	市省部国家级各上层级施工图监管管理平台

续表

序号	分类	系统名称	功能模块	
158	支撑建设	系统管理	认证鉴权体系	账号密码认证
159				项目身份认证
160				人员管理
161				角色管理
162				权限管理
163				集成对接鉴权认证
164			基础数据维护	基础参数
165				数据字典
166			消息通知	站内消息
167				短信通知
168				任务驱动
169		电子签章	集成电子签章功能	图纸验签
170				意见书自动生成与盖章
171				合格书自动生成与盖章
172				图纸云端批量盖章
173		数据及底层图形技术支撑	数据仓库建设	仓库建模
174				数据抽取清洗整合
175			图形存储访问建设	可靠性存储引擎建设
176				图纸访问安全建设
177				图纸轻量化在线浏览建设
178	创新应用	智能审查应用	BIM 智能审查	BIM 智能审查 （包括智能任务发起、任务执行、智能审查结果可视化展示、人工交互复核）
179			图纸智能审查	图纸智能审查 （包括智能任务发起、任务执行、智能审查结果可视化展示、人工交互复核）
180			图模相符性智能审查	图模相符性智能审查 （包括智能任务发起、任务执行、智能审查结果可视化展示、人工交互复核）
181		数据创新应用	数据资源仓库	大数据分析
182			数据挖掘创新应用	规范规则库
183				智能问答
184				审查要点推送
185				常见问题提示
186				质量问题推送
187				异常项目预警

J.3

施工图设计文件数字化交付规范

1 总体要求

建设单位、勘察设计单位在履行施工图审查相关责任和义务时，明确施工图设计文件以电子图纸方式实现数字化交付。所交付的电子图纸应符合《总图制图标准》GB/T 50103—2010、《房屋建筑制图统一标准》GB/T 50001—2017 等国家设计制图标准，并应具有勘察设计单位、审查机构的单位和相关人员签章，电子签章应符合《施工图设计文件电子签章规范》（见本指南附录 J.4）要求，并符合国家有关电子签章、电子签名法律法规。

2 交付规范

2.1 格式规范

2.1.1 交付格式要求：PDF。

2.1.2 根据各地需求，如要求同时交付矢量图形格式，矢量图形格式应采用能保障图纸数据安全并规避相关知识产权风险的矢量图形格式和技术手段。

2.1.3 设计成果文件（图纸、勘察报告等）应加盖具备数字签名认证的电子印章，具体签章要求见《施工图设计文件电子签章规范》。

2.2 文件规范

2.2.1 文件名称应简洁清晰，能够指明文件的主要内容（用途）。

2.2.2 一个图纸文件中应只有一张图。

2.2.3 图纸文件命名应符合如下要求：

文件名需包含图名、图号信息，形如：{ 图号 }{ 分隔符 }{ 图名 }{ 分隔符 } 图幅 { 分隔符 }{ 其他部分 }.PDF。文件名中的 { 图号 }、{ 图名 } 与图形文件中应该保持一致。{ 分隔符 } 为：@、下划线（ _ ）、中划线（ - ）中的一种。图名、图幅中不能包含 { 分隔符 }。目录或封面类文件，{ 图号 } 统一为 00，如：00_目录_A2.PDF。

2.3 目录规范

2.3.1 图纸统一按照规范好的专业目录进行归类交付，共用的总图、目录等施工图设计文件资料建议在各相关专业下分别上传一份。

如：房建的暖通、给水排水在设计院内部如果按照设备专业归档，交付审查时需要分别上传到给水排水和暖通，共用的目录在暖通和给水排水中各传一份。

2.3.2 计算书和其他参考或说明文档上传到对应专业下的其他目录或者在专业目录下创建分类目录上传。

2.3.3 专项设计文件在系统规范好的专业目录下创建的子目录内进行交付。

例如：建筑专业目录下可自建人防、节能、绿建等；电气自行创建弱电、强电、智能化等专项进行归类交付。

2.3.4 自定义目录的名称应该简洁、直观、清晰表达用途。

J.4

施工图设计文件电子签章规范要求

依据《中华人民共和国电子签名法》的有关规定，建设、勘察设计单位与审查机构交付的电子图纸文件和相关资料应加盖具备数字签名认证（CA）的电子签章、签名，保证施工图数字化后的真实性、完整性以及签名人的不可否认性，确保施工图设计文件电子图纸与线下审查的“纸质图纸”具备同等法律效力，实现真正意义的施工图数字化，贯通工程项目全生命期管理和信息共享。

1 总体要求

建设单位、勘察设计单位进行施工图数字化审查时，交付的电子图纸文件和相关资料应符合《建设电子文件与电子档案管理规范》CJJ/T 117—2017 标准，同时，应加盖本单位和承担该项目的相关注册或非注册勘察设计人员电子签章（包括单位章和人员注册章）；审查机构出具的施工图审查意见告知书、施工图设计文件及工程勘察报告审查通过告知书、审查通过的施工图设计文件及工程勘察报告的电子图纸，均应加盖审查机构和相关审查人员电子签章（包括审查机构章和审查人员章）。

2 具体要求

2.1 受理申报材料电子签章要求

2.1.1 建设单位

建设单位进行施工图设计文件数字化申报时，所提供的申报材料，如为工程建设项目行政审批机构发放的电子证照，应直接提供电子证照原始文件；其他材料需按照纸质材料签章要求完成签章后扫描生成电子文件（PDF 格式）进行数字化交付（如建设单位已经办理电子签章，需按照纸质材料签章要求在 PDF 电子文件资料相应位置加盖单位章和相关个人电子签章）。

2.1.2 勘察设计单位

勘察设计单位进行施工图设计文件数字化申报时，需协助建设单位提供申报材料，应直接在电子文件（PDF 格式）相应签章位置上按纸质材料签章要求加盖单位章及项目负责人电子签章。

2.2 施工图设计文件电子签章要求

2.2.1 施工图设计图纸文件

勘察设计单位协助建设单位进行施工图设计文件数字化交付时，所交付的施工图设计图纸文件（PDF 格式）应按照纸质图纸签章要求，在图纸图框相应位置加盖本单位和承担该项目的项目负责人及建筑、结构注册勘察设计人员电子签章，其中单位资质章、各地管理办法要求的报审章（或出图章）、注册人员章要求必须为具备数字签名认证的真实有效的电子签章。

2.2.2 勘察报告及计算书

勘察设计单位协助建设单位进行施工图设计文件数字化交付时，所交付的勘察报告及计算书等多页电子文件（PDF 格式）除需按照纸质材料签章要求在报告或计算书相应签章位置加盖本单位和承担该项目的项目负责人及建筑、结构、岩土等注册勘察设计人员电子签章外，每页内容上均需加盖电子签章；其中单位资质章、各地管理办法要求的报审章（或出图章）、注册人员章要求必须为具备数字签名认证的真实有效的电子签章。

2.3 审查工作成果文件

2.3.1 各类告知书

审查机构在施工图审查过程中所出具的《施工图审查意见告知书》《消防设计审查意见告知书》、施工图设计文件及《工程勘察报告审查通过告知书》均应按照原纸质成果文件签章要求，在成果文件相应位置加盖审查机构公章、资质章以及法人和各专业审查人员电子签章。

2.3.2 审查通过的施工图设计文件

审查通过的施工图设计文件及工程勘察报告的电子图纸、勘察报告等施工图设计电子文件（PDF），均应按纸质图纸签章要求在电子文件对应位置上加盖审查专用章（根据各地不同管理要求，如审查机构审查专用章、绿色建筑节能审查章等）电子签章。

2.4 电子签章 CA 认证要求和管理规范

建设单位、勘察设计单位、审查机构在施工图设计文件上加盖签章所使用的电子签章，必须为具备数字签名（CA）认证的真实有效的电子签章，包括单位章、相关人员资质章、电子签名等所有需要加盖在数字化交付文件（PDF 格式）上的电子签章。

建设单位、勘察设计单位、审查机构等相关机构需建立完善的电子签章用章管理制度，与实体物理章管理相同，保障电子签章用章安全和签章真实有效。